文春文庫

実録・アメリカ超能力部隊

ジョン・ロンスン
村上和久訳

文藝春秋

ジョン・サージェントとスタッブルバイン将軍に捧ぐ

目次

実録・アメリカ超能力部隊

1　将　軍

これは真実の物語である。ときは一九八三年の夏。アルバート・スタッブルバイン三世少将は、ヴァージニア州アーリントンにある執務室の机に向かって、部屋の壁をにらんでいた。壁には軍における功績をたたえる賞状などがずらりとならび、将軍の長く卓越した軍歴を物語っている。将軍は一万六千名の部下を持つアメリカ陸軍情報保全コマンドの司令官だった。陸軍の信号情報収集、写真および技術情報収集、世界中にちらばった数多くの隠密対敵諜報部隊や秘密軍事スパイ部隊を統括している。戦時捕虜の尋問もまた管轄事項の一つであるが、ただしこれは一九八三年の話で、戦争は敵味方が実弾をまじえることのない冷戦の時代だった。

将軍は賞状を通りこして壁自体に視線を向けていた。心のなかでは自分があることをやらねばならないとわかっていたが、やると考えただけで彼は自分が迫られている選択のことを考えた。自分は執務室にとどまることもできるし、となりの部屋へいくこともできる。どちらを選ぶかは自分しだいだ。そして、彼はすでに心を決めていた。

将軍はとなりの部屋へ入っていくつもりだった。

スタッブルバイン将軍は俳優のリー・マーヴィンによく似ている。事実、軍情報部隊内では将軍がリー・マーヴィンの一卵性双生児であるという噂が広くささやかれている。彼の顔はごつごつとして微動だにしない。まるで、彼の指揮下のスパイ機が撮影した山地の航空写真のようだ。つねに動きまわるいかにも親切そうな目が、顔全体を代表して働いているように見える。実際には、将軍はリー・マーヴィンと縁もゆかりもない。もっとも将軍は噂を気に入っていた。神秘的な要素は情報機関での経歴に役立つことがあるからだ。彼の仕事は、部下の兵士たちが集めた情報を評価し、その評価をCIAの副長官と陸軍参謀総長につたえることである。彼の評価はそれからホワイトハウスに上げられる。将軍はパナマや日本、ハワイ、ヨーロッパ全土にいる兵士たちを指揮している。そうした重責を負っているので、彼はとなりの部屋へいく途中でなにかまずいことが起きた場合の用心に、部下をしたがえているべきであるとわかっていた。

たとえそうでも、将軍は補佐役のジョージ・ハウエル部隊最先任上級曹長を呼ばなかった。これは自分一人でやらねばならないと感じていたからだ。

心の準備はできたか？　と将軍は自問した。ああ、準備はできた。

将軍は立ち上がると、机の向こうから出てきて、歩きだした。

要するにこういうことだ、と将軍は心のなかでつぶやいた。つまるところ、原子はおもになにでできている？　空間だ！

将軍は足取りを早めた。

わたしはおもになにでできている？　と将軍は心でつぶやく。原子だ！

将軍はいまや駆け足に近くなっている。

壁はおもになにでできている？　と将軍は心でつぶやく。原子だ！　わたしがやらねばならないのは、空間に溶けこむことだけだ。壁は幻覚にすぎない。運命とはなんだ？　わたしはこの部屋に閉じこめられるように運命づけられているのか？　はっ、冗談じゃない！

つぎの瞬間、スタッブルバイン将軍は執務室の壁に鼻から激突した。

畜生！　と彼は思った。

スタッブルバイン将軍は自分が何度やっても壁を通り抜けられないことに困惑していた。それができないなんて、自分にどんな落ち度があるのだろう？　ことによると、未決書類入れに書類がたまりすぎていて、必要な精神集中のレベルに達することができないのかもしれない。

彼は、物体を通り抜ける能力がいつの日か情報収集の手段としてありふれたものになるということを内心まったく疑っていなかった。それに、もし実現したら、そう、それが戦争のない世界のはじまりを告げることになる。そう考えるのは単純すぎるだろうか？　そんなことができる軍隊にちょっかいを出したがる者がどこにいるというのだ？　スタッブルバイン将軍は同世代の多くの者たちと同様、ベトナム戦争の記憶にいまだにひどく苦しめられていた。

そうした力を手に入れることはもちろん可能だ。したがって、問題は誰にそれができるかということだけである。軍のなかですでにこの種の事柄に適した能力を持っている者は誰だろう？　肉体的、精神的能力の極限で活動すべく訓練された軍の部門はどこか？

そのとき将軍の脳裏に答えがひらめいた。

特殊部隊だ。

一九八三年の晩夏、スタッブルバイン将軍がノースカロライナ州のフォート・ブラッグ基地へ飛んだのはこういう理由からだった。

フォート・ブラッグは広大な基地である――武装した兵士によって守られた町のようなもので、ショッピングセンターや映画館、レストラン、ゴルフ場、ホテル、水泳プール、乗馬クラブ、四万五千名の兵士とその家族のための住居がそろっている。将軍は車で特殊部隊コマンド・センターへ向かう途中でこうした場所を通り過ぎた。これは将校クラブに持ちこむようなたぐいの事項ではない。これは特殊部隊にしか扱えないことだ。それでも将軍は不安だった。自分はどんな反応に迎えられることになるのだろう？

特殊部隊コマンド・センターについた将軍は、おだやかに話をはじめることにした。「わたしはある考えを持ってここにきている」と彼は切りだした。特殊部隊の指揮官たちはうなずいた。

「もし諸君がある部隊を、主力部隊から援護を受けられない状況で活動させていて、誰かが負傷したらどうするかね？」と将軍はたずねた。「負傷者が出たらどうする？　諸君はそれにどう対処するかね？」

将軍は部屋にならんだ無表情な顔を見まわした。

「心霊治療だよ！」と彼はいった。

室内は静まりかえっている。

「これからわれわれが話し合うのはこいつのことだ」将軍はそういって自分の頭を指差した。

「もし諸君が自分の心を使って治療すれば、たぶんチーム全員を生きて無事つれだせるだろう。誰一人置き去りにする必要はない」将軍はいったん言葉を切ってから、こうつけくわえた。

「直接および間接の治療によって、部隊の編成を守るんだ！」

特殊部隊の指揮官たちは心霊治療にとりたてて関心を持ったようには見えなかった。

「よかろう」とスタッブルバイン将軍はいった。彼が受けている歓迎はかなりお寒いものだった。「もし誰かにそのやりかたを教えることができたら、すばらしい思いつきだとは思わないかね?」

スタッブルバイン将軍は鞄のなかをあさると、曲がったフォークを芝居気たっぷりに取りだした。

「諸君にこういうことができるとしたらどうだ?」と将軍はいった。「興味を引かれないかね?」

答えはない。

スタッブルバイン将軍は自分が少し口ごもりはじめているのに気づいた。連中は頭のおかしな人間を見るような目でわたしを見ているぞ、と将軍は心のなかでつぶやいた。わたしの売りこみかたがまちがっているんだ。

将軍はそわそわと時計に目をやった。

「では、時間の話をしよう!」と彼はいった。「もし時間が瞬間ではなかったとしたらどうだ? もし時間にX軸とY軸とZ軸があるとしたら? 時間が点ではなく空間だとしたら? われわれはいつでもその空間のどこにでも存在することができるんだ! その空間はこの部屋の天井に閉じこめられているのか、それとも二千万マイルの広がりがあるのか?」将軍は笑い声をあげた。「わたしがこんなことをいったら、物理学者はかんかんになるな!」

相変わらず反応はない。将軍はもう一度試みた。

「動物だ！」とスタッブルバイン将軍はいった。

特殊部隊の指揮官たちはおたがいの顔をちらりと見た。

「動物の心臓を止めるんだ」将軍は言葉をつづけた。「動物の心臓を破裂させる。わたしがここに持ってきたアイディアはそれなんだ。諸君は動物を手に入れられるのだろう？」

「あの」と特殊部隊の指揮官は答えた。「いえ、まったく……」

・

スタッブルバイン将軍のフォート・ブラッグ基地訪問は大失敗に終わった。そのことを思いだすと将軍はいまでも顔を赤らめる。彼は結局一九八四年に早期退役した。現在、陸軍情報保全コマンドの広報資料におおまかに書かれている公式の部隊史は、一九八一年から一九八四年にかけてのスタッブルバイン司令官時代を、ほとんどそれが存在しなかったかのごとく、基本的に無視している。

じつは、これまで読者が目を通してきた事柄はすべて、過去二十年間ずっと軍事機密だった。スタッブルバイン将軍が壁を通り抜けようとして失敗したことや、一見むだだったように思える将軍のフォート・ブラッグ基地訪問は、〈テロとの戦い〉が二年目に入ったある寒い冬の日、ニューヨーク州北部の〈タリータウン・ヒルトン・ホテル〉の四〇三号室で将軍本人の口から語られる瞬間まで、ずっと非公開のままだった。

「正直にいうとだな、ジョン」と彼はわたしにいった。「わたしは特殊部隊との会話の残りを頭からずっと懸命に締めだしてきたんだ。どうどう、よしよしと、馬を押さえるみたいにな。わたしはそれを頭から消し去ったのさ。わたしはすごすごと引き下がった。尻尾を巻いて逃げだしたんだ」

　彼は言葉を切って、壁を見つめた。

「いいかね」と彼は口を開いた。「わたしはあれがすばらしい考えだと本気で思っていたんだ。いまでもそう思っている。ただ、自分の空間があの壁の空間とどう溶けこめば通り抜けられるのかがわかっていないだけだ。わたしはただもう壁に頭をぶつけつづけていた。わたしにはできなかった……。いや、そうじゃない。できなかったというのは正しい言葉じゃない。わたしは自分の心をどうしても正しい状態に持っていけなかったんだ」彼はため息をついた。「もしあんたが本当に知りたいのならいうが、がっかりだよ。空中浮揚のときと同じだ」

　将軍はヴァージニア州アーリントンで夜ときどき、最初の妻のジェラルディンがベッドに入ってから、リビングの絨毯に寝そべって、空中浮揚を試みていた。

「そして、完全に失敗した。わたしはこの太ったケツを浮かび上がらせることができなかったのさ。きたない言葉を使ってすまない。しかし、わたしはいまでもあれがすばらしい思いつきだったと考えている。その理由がわかるかね？」

「なぜです？」とわたしはたずねた。

「情報活動の世界では、ぼやぼやしている余裕などないからだ。なにかを見のがす余裕などない。そんなことは信じられないかね？　飛行学校へいって離陸の方法を学んだが着陸方法は学ばなかったテロリストたちの例を見たまえ。その情報はどこで迷子になったかね？　こと情報活動の世界に関しては、何一つ見すごす余裕はないんだよ」

　将軍のフォート・ブラッグ基地訪問には、わたしたちが面会した日には二人とも知らなかったある事実があった。それは、じきにわたしをジョージ・W・ブッシュの〈テロとの戦い〉でも一、二を争うにちがいない奇っ怪な領域へとみちびくことになる一片の情報である。

将軍が知らなかったのは——特殊部隊員たちが彼から隠していたのは——彼らが実際には将軍のアイディアをすばらしいと考えていたことである。それだけではなく、動物の心臓を破裂させる極秘計画を将軍から提案されて、動物は手に入らないと答えたとき、彼らは道路の数ヤード先の小屋に百匹の山羊《やぎ》がいるという事実を隠していた。

この百匹の山羊の存在は、選ばれた少数の特殊部隊関係者にしか知られていなかった。この山羊が極秘の存在でいられたのは、鳴き声を奪われていたという事実のおかげでもある。山羊たちはその場につっ立って、口を開け閉めしていたが、鳴き声は漏れてこなかった。その多くはさらに脚を石膏《せっこう》のギプスでつつまれていた。

本書はそうした山羊たちの物語である。

2　山羊実験室

わたしを山羊にみちびく追跡に乗りださせたのは、ユリ・ゲラーだった。わたしは二〇〇一年十月前半、ロンドン中心部のあるレストランで彼と会った。〈テロとの戦い〉がはじまって一カ月もたたないころである。以前から、ユリ・ゲラーは一九七〇年代前半にアメリカの情報機関のためにひそかに活動していた超能力スパイだったという噂がささやかれていた（いっておかねばならないが、その噂はおおむねユリ・ゲラー本人がひろめたものである）。多くの人間は彼の話を疑っている――《サンデー・タイムズ》紙はかつてそれを「とほうもない主張」と断じて、ユリ・ゲラーは頭がおかしいが情報機関はそうではないと主張した。わたしが見るところでは、真実は四つのシナリオのうちのいずれかだった。

1　そんな事実はまったくなかった。

2　アメリカの情報関係者の上層部にいた一握りのイカれた異端者たちが、ユリ・ゲラーを引き入れた。

3　アメリカの情報機関は驚くべき秘密の宝庫であり、そうした秘密は国民のためを思ってずっと隠されている。ユリ・ゲラーが超能力を持っていて、その力が冷戦時に役立てられたというのも、その一つである。情報機関は彼があちこちでみんなに秘密を吹聴《ふいちょう》してまわることを望んでいない。

4　当時のアメリカの情報関係者は本質的に、頭がまったくどうかしていた。

ユリ・ゲラーはレストランではおとなしかった。彼は大きな広角のミラー・サングラスをかけていた。義理の弟のシピも同じぐらい感情にとぼしく、会見全体がなんとなく気づまりだった。わたしは以前にも一度か二度、二人に会っていて、二人がまわりの人間も思わずつりこまれそうになるほど情熱的な人物であることを知っていた。しかし、きょうはまったく情熱が感じられなかった。

「じゃあ、はじめましょう」とわたしはいった。「そもそもどうしてアメリカ政府の超能力スパイになったんです？」

長い沈黙があった。

「そのことは話したくない」とユリはいった。

彼はミネラルウォーターを飲むと、シピのほうをちらりと見た。

「ユリ？」とわたしはいった。「どうかしたんですか？　その話は何度もしているじゃないですか？」

「いや、していない」と彼は答えた。

「いいえ、していますよ！」わたしは反論した。

わたしは二週間かけてこの件の下調べをして、超能力スパイだった時代に関する彼の回想をすでに厚さ一インチのファイルにまとめていた。いずれも彼が一九八〇～九〇年代にジャーナリストたちに口述したものである。ジャーナリストたちは当時、そこに辛辣なコメントをつけくわえていた。どの記事も論理の道筋は大なり小なり同じだった。つまり、情報機関がそんなことをしたりはしない、というものだ。ユリの言葉を受け入れることはおろか、その真偽をたしかめるために電話を二、三本かけたりすることにさえも、異常なほどの抵抗感があった。われわれは情報機関に冷ややかな目を向けてはいても、どうやら依然として、彼らがある程度厳格で科学的なやりかたをしていると考えているらしい。ユリの主張を受け入れた少数のジャーナリストは、これがみな大昔の一九七〇年代に起きたということにひそかな安堵の気持ちを表明していた。

「そんな話をしたことは一度もない」とユリはいった。

「《フィナンシャル・タイムズ》紙でその話をしましたよ」とわたしは指摘した。「メキシコでCIAのためにずいぶん超能力を使って活動したといっています」

ユリは肩をすくめた。

一機の飛行機が頭上を低空で飛びすぎ、テラスにいた全員がちょっと食べるのをやめて上空を見上げた。9・11の同時多発テロ以降ずっと、アメリカのジョン・アッシュクロフト司法長官は差し迫ったテロ攻撃を警告していた――アメリカ国内の銀行や集合住宅区画、ホテル、レストラン、商店を狙ったテロ攻撃を。あるときブッシュ大統領は、迫っている特定の大災害については何一つ話せないという声明を出した。それと同じように、ロンドンにも脅威が特定されない厳重警戒態勢が敷かれていた。そのとき突然、ユリがサングラスを取って、真正面からわたしの目を見つめた。

「もしこれからわたしが話そうとしていることをきみが他言したら、わたしはそれを否定するからね」と彼はいった。

「わかりました」とわたしは答えた。

「そうなれば、いった、いわない、の話になるだろう」

「わかっています」

ユリは椅子を近づけた。レストランをぐるりと見まわす。

「これはもはや過去の物語ではないんだ」と彼はいった。

「どういうことです？」

「わたしは現役に復帰した」とユリ。

「なんですって？」

わたしはシピのほうを見た。彼は重々しくうなずいた。

「ジョン・アッシュクロフトにホテルや銀行や集合住宅区画のことを教えたのはあなたじゃないでしょうね？」とわたしはたずねた。

「ほかには何一つ話すつもりはない」とユリは答えた。

「ユリ、お願いです、なにか手がかりをください。もう一つだけ教えてください」

ユリはため息をついた。

「いいだろう」と彼はいった。「あと一つだけ話してあげよう。わたしを現役に復帰させたのは……」ユリはちょっと言葉を切ってからいった。「ロンという男だ」

それでおしまいだった。わたしはそれ以来、ユリ・ゲラーと話をしていない。彼はこちらが電話をかけても、かけ返してこない。彼はロンについてそれ以上のことをいっさいあかそうとしなかった。ロンはFBIなのか？　CIAなのか？　軍情報部なのか？　国土安全保障局（国土安全保障省の前身）なのか？　ロンがイギリスの防諜機関MI5や海外情報部MI6の人間だということもありうるのか？　ユリ・ゲラーは〈テロとの戦い〉に参加しているのか？

それから一年後、わたしはラスヴェガスのホテルでささやかな手がかりを得た。そのときわたしは、スタッブルバイン将軍の元軍事スパイの一人、リン・ブキャナン軍曹から話を聞いていた。「ユリ・ゲラーは自分を現役に復帰させたのはロンという男だといっています」とわたしはいった。ブキャナン軍曹は黙りこむと、やがて神秘的にうなずいていった。「ああ、ロンか。ああ。ロンなら知っているよ」

しかし、彼についてはそれ以上なにもいわなかった。

スタッブルバイン将軍もロンについて話そうとはしなかった。

「超能力スパイどもは、いまいましい口をしっかりと閉じておくべきなんだ」と将軍はいった。「自分のやったことを街中でいいふらすかわりにな」

わたしがユリに会ってから数週間して知ったところによれば、スタッブルバイン将軍は一九八一年から一九八四年のあいだ、機密の軍事超能力スパイ部隊を指揮していた。部隊は名前の響きほど魅力的なものではなかった、と将軍は語った。メリーランド州フォート・ミード基地にある厳戒態勢下の接収された羽目板張りの建物のなかに、五、六人の兵士が座って、超能力者になろうと努力していた、というのがおおよそのところだ。この部隊は公式には存在していなかった。超能力者たちは軍の隠語でいう〈極秘活動〉だった。彼らは〝存在〟していなかったので、アメリカ陸軍のコーヒー予算に手を付けることが許されなかった。自分でコーヒーを調達しなければならなかったのである。彼らはこれに憤慨するようになっていた。なかには超能力者になろうとして一九七八年から一九九五年のあいだに部隊にくわわった者もいた。ときおり隊員の一人が死んだり気が変になったりすると、新しい超能力戦士が引き入れられて損害を補充した。隊員の一人が透視に成功すると――ソ連の軍艦とか未来の出来事とか――隊員はそれをスケッチして、そのスケッチを指揮系統の上のほうへと送る。

やがて一九九五年、CIAは部隊を解散させた。

超能力戦士の多くはその後、リン・ブキャナン著『第七感　アメリカ軍の〈超能力スパイ〉が語る遠隔視の秘密』のような自伝を発表した。

「誰もが宣伝キャンペーンでいちばんになりたがっているんだ」とスタッブルバイン将軍はいった。「連中の何人かの首を締めてやれたらと思うよ」

そして、将軍が超能力スパイについて語ってくれたのはこれがすべてだった。

「彼らはまた任務に復帰したのですか？」とわたしは将軍にたずねた。

「そうだといいが」

「ユリ・ゲラーは部下の一人だったのですか？」

「いいや」と将軍は答えた。「だが、そうだったらよかったのにと思うよ。わたしは彼の大ファンでね」

そういうわけで、ロンを探す旅は、わたしをハワイへとつれていくことになった。ホノルルとパールハーバーとを結ぶ道の途中にある一軒の家へ。かつて特殊部隊の超能力スパイだったグレン・ホイートン退役一等軍曹の自宅である。グレンは赤毛を短く刈りつめた大男で、ベトナム戦争従軍経験者が好むカイゼル髭《ひげ》をはやしていた。わたしの計画は、まずグレンに超能力スパイだったころのことをたずね、それからロンの話題を持ちだそうというものだったが、わたしが腰を下ろした瞬間から、われわれの会話はまったく予想もしなかった方向へそれていった。

グレン・ホイートンは椅子の上で身を乗りだした。「きみはこの家の玄関から入って、裏口までやってきたね。さて、この家には椅子がいくつある？」

「たぶんきみはわたしの家に椅子がいくつあるか答えられないだろう」とグレン。

沈黙がおとずれた。

わたしはあたりを見まわしはじめた。

「スーパー兵士に見る必要はない」と彼はいった。「なにもしなくてもわかるんだ」

「スーパー兵士ですって？」とわたしはたずねた。

「スーパー兵士さ」とグレンはいった。「〈ジェダイの戦士〉だ。彼にはあらゆる照明の位置がわかる。あらゆるコンセントの位置がわかる。多くの人間は観察力がとぼしいんだ。自分のまわりで実際に起きていることをちっともわかっていない」

「〈ジェダイの戦士〉とはどういう連中です?」

「きみの前に一人いるよ」とグレンは答えた。

グレンの話によると、一九八〇年代なかば、特殊部隊は〈ジェダイ計画〉という暗号名をつけた秘密の構想に着手した。スーパーパワーを持つ兵士——スーパー兵士を作りだす計画である。そうしたパワーの一つが、部屋に入ってすぐさまあらゆる細部に気づく能力である。これはレベル1だった。

「その上のレベルはどういう内容です?」とわたしはたずねた。

「レベル2」とグレンは答えた。「直観力だ。正しい決断をくだせるように人の能力を高めるなんらかの方法はあるだろうか? たとえば、誰かがきみのところへやってきてこういう。『道が二股に分かれています。左へいきましょうか、右へいきましょうか?』するときみは即座に答える」——グレンはぱちんと指を鳴らした——「『右へいくんだ!』」

「その上のレベルはどんな内容です?」

「透明になる能力だ」とグレンはいった。

「本当に透明になるんですか?」

「最初はそうだった」とグレンは答えた。「しばらくすると、われわれはその能力に変更をくわえて、ただたんに人から見えなくなる方法を見つけるようにした」

「どうやって?」

「観察力と現実とのつながりを理解することで、人に見られずに自由に動きまわれるようになるんだ」とグレンはいった。「もし人に見られなければ、透明になったのも同然だ。きみは誰かに見られたときだけ存在する」

「じゃあ、カモフラージュのようなものですか？」とわたしはたずねた。

「いいや」とグレンはため息をついた。

「あなたは透明になるのがどのぐらい得意でしたか？」

「そうだな」とグレン。「わたしは赤い髪に青い目をしているから、人の記憶に残りやすいんだ。だが、わたしはなんとかしのいでいる。いまでも生きているよ」

「透明になる能力の上のレベルはなんです？」

「うーん」とグレンはいった。彼はちょっと口ごもった。やがて彼はいった。「部隊には山羊の心臓を止められる曹長がいたな」

沈黙がおとずれた。グレンは片方の眉を上げた。

「つまり……」とわたしはいった。

「つまり、山羊の心臓が止まれと願うだけでだ」とグレン。

「それはかなりの飛躍だ」

「そのとおり」とグレンはいった。

「それで、実際に山羊の心臓を止めたんですか？」

「とにかく一度はやった」

「ほほう」とわたしはいった。この証言にどう反応すればいいのかさっぱりわからなかったのだ。

「だが、これは実際にはきみが、その、あれしていい領域ではない……」

「立ち入っていい領域」とわたしはいった。

「そのとおりだ」とグレンは答えた。「きみが立ち入っていい領域ではない。なぜなら、評価のときに彼が実際には自分自身も傷つけていたことがわかったからだ」

「ほほう」とわたしはまたいった。

「交感神経系の傷害だ」とグレンはいった。

「では、山羊が物理的に反撃したというわけではないんですね？」

「山羊にそんなことをする暇はなかったよ」

「これはどこで起きた話です？」

「フォート・ブラッグ基地だ」とグレンは答えた。「〈山羊実験室〉という場所での出来事だ」

「グレン、〈山羊実験室〉についてすべて話してもらえませんか？」とわたしはいった。

するとグレンは語りはじめた。

〈山羊実験室〉は秘密の施設で、現在も存在している。フォート・ブラッグ基地内で暮らし、働いている大半の兵士は、その存在さえ知らない。グレンの話によれば、内情に通じていない軍関係者は、樹が鬱蒼と茂る区域の未舗装道路の先にある、いまにも倒れそうな第二次世界大戦当時の羽目板張りの病院が、廃屋だと思っているらしい。実際には、その建物のなかには鳴き声を奪われた百匹の山羊がひしめいている。

山羊たちは〈ジェダイの戦士〉の凝視の対象としてこの建物にひそかにつれてこられたわけではない。〈山羊実験室〉はもともと、特殊部隊の隊員たちに野戦外科手術の訓練をほどこすための秘密実験室として創設された。山羊たちは、このもっと平凡な人生をおくっている段階では、まず一匹ずつ分厚い鉄の防音ドアから掩蔽壕につれていかれて、ボルト・ガンで脚を撃たれる。それから特殊部隊の訓練生たちが山羊を手術室にいそいで運びこみ、麻酔をかけて、傷の手当てをし、健康になるまで看病するのである。〈山羊実験室〉はもともと〈犬実験室〉と呼ばれていたが、誰もこうした仕打ちを犬にしたいとは思わないことが判明したので、山羊に変更されたのである。どうやら特殊部隊の内部では、山羊と心をかよわせることはほとんど不可能であるという結論が出たようだ。実際、動物愛護団体〈動物の権利を守る人々〉（PETA）によれば、アメリカ軍がひそかにおこなっている実験の犠牲となった推定百万匹ほどの動物のなかで、山羊は歴史的に類を見ないほど大きなパーセンテージをしめているという。山羊がかかわった軍の活動の多くは高度の機密のベールにつつまれているが、ときおりいくつかの細部が漏れてきている。

一九四六年に南太平洋のビキニ環礁近くで原子爆弾が空中爆発させられたとき、軍によって運ばれて〈原子の方舟《はこぶね》〉と呼ばれた船で爆心地の下に浮かんでいた四千匹の動物の大半は山羊だった。軍は動物たちが死の灰でどういう影響を受けるかを知りたかったのだ。動物たちは悲惨な目にあった。

さらに、とある空軍基地では現在、数千匹の山羊が、山羊と蜘蛛の奇怪な雑種のようなものに変えられつつある。「蜘蛛の糸はじつに高く評価されている生体適合物質で、これまでは蜘蛛にしか作りだせないという単純な理由で、実際のところ人類にはずっと手が出せませんでした」と、ある空軍の代表者はカナダのCBCニュースに説明した。「いったん蜘蛛の細胞の遺伝子が現実に山羊の遺伝子構造の一部になれば、その山羊は長年にわたってきわめて経済的に蜘蛛の糸を生産できるでしょう。秘密はその乳のなかにあります。一グラムの乳で何千メートルもの糸が製造でき、それを織ることで、明日の軍隊の防弾チョッキを作りだせるのです」

そしていま、〈山羊実験室〉のなかでおこなわれている作業があった――鳴き声を奪ったり、脚を撃ったりといったことが。こうした状況が、ある曹長が見つめるだけで山羊を殺すことができた理由の説明になるだろうか？　とわたしは思った。たぶん曹長が山羊に立ち向かう前に、すでに山羊は弱っていたのだ。山羊のなかには四肢切断から快復中のものもいれば、開腹手術を受けて心臓と腎臓を調べられ、それからまた縫い合わされたものもいる。もっと運のいい山羊――撃たれただけの連中――でさえ、たぶん脚をギプスで固められ、不気味な静寂につつまれながら、〈山羊実験室〉のなかをよろめき歩いていたことだろう。たぶん曹長はとくに弱っていた山羊を見つめたのではないか？　しかし、グレン・ホイートンは問題の山羊の健康状態について何一つおぼえていないといった。

「山羊の心臓を止めたせいで、なぜ曹長の気分が悪くなったんです？」わたしはたずねた。

「じゅうぶんなパワーを発揮するためだ」とグレンは答えた。「山羊を傷つけるのに必要な意志の力を発揮するために、彼は自分を傷つけてしまったんだ。なにごとにも代償はつきものさ、そうだろう？　つけがまわってくるんだ」

「身体のどこをやられたんです？」

「心臓だよ」

「ほほう」とわたしはいった。

沈黙がおとずれた。

「あなたは山羊の心臓を止められますか?」わたしはグレンにたずねた。

「とんでもない!」グレンは仰天していった。「まさか!　いや、冗談じゃない!」

グレンはあたりを見まわした。まるで、そう質問されただけで自分がその試みにかかわっていたことが立証され、なにかの見えない霊力に呪われるかもしれないとでもいうように。

「ただやりたくないということですか?」とわたしはたずねた。「あなたは実際には、山羊の心臓を止めるパワーを持っているんですか?」

「いいや」とグレンは答えた。「わたしは自分が山羊の心臓を止めるパワーを持っているとは思わない。かりに訓練でそのレベルに達したら、人はきっとこういうんじゃないかな。『いったい山羊が自分になにをしたんだ?　なぜあの山羊なんだ?』ってね」

「じゃあ、そのレベルを達成したのは誰です?　その曹長とは何者です?」

「彼の名前は」とグレンはいった。「マイクル・エイチャニスだ」

そして、これが〈山羊実験室〉について知っているすべてだ、とグレンはいった。

「グレン、山羊たちは9・11の同時多発テロ以降、また見つめられているんですか?」

グレンはため息をついた。

「わたしは軍をやめたんだよ」と彼は答えた。「もう内部の人間じゃない。わたしが知っていることは、きみとたいして変わらないんだ。もしわたしが特殊部隊に電話をかけても、きみがもらうのと同じ答えが返ってくるだろう」

「どういう答えです?」

「連中は肯定も否定もしないだろうな。山羊の存在自体が極秘だからね。山羊を飼っていることさえ認めないだろう」

のちにわかったことだが、山羊たちが鳴き声を奪われていた理由はそれだった。特殊部隊の隊員が敵の声帯をつぶす方法を学ぶ必要があったからではなく、めえめえ鳴く百匹の山羊が地元の動物愛護協会の目に留まることを特殊部隊が心配したがゆえの措置だったのである。

グレンはちょっとおびえたような顔をしていた。「これは〈極秘活動〉の領域なんだ」と彼はいった。

「つぎの手がかりはありますか？」とわたしはたずねた。

「ない」とグレンはいった。「こんなことは忘れてしまえ」

「忘れられませんよ。イメージを頭から追いやることができません」

「忘れるんだ！」とグレンはくりかえした。「山羊についてわたしがしゃべったことは全部忘れてくれ」

しかし、無理だった。わたしにはたくさんの疑問があった。たとえば、どうしてこんなことがはじまったのだろう？　特殊部隊はスタッブルバイン将軍の思いつきをそのまま盗んだのだろうか？　わたしがまとめつつあった年表からすると、それはありうるように思えた。もしかすると特殊部隊は動物の心臓を破裂させるという将軍の構想に冷ややかな無関心をよそおい、そのあとでマイクル・エイチャニスなる人物に山羊を見つめるよう指示したのかもしれない。ことによると、敵をにらみ殺すことがアメリカ軍の武器の一つとなって、世界を永久に変えてしまった場合に、彼らは手柄を独り占めにしたいのかもしれない。

それとも、これは偶然の一致なのだろうか？　特殊部隊はスタッブルバイン将軍の知らないところですでに山羊を相手にしていたのだろうか？　この疑問に対する答えは、アメリカ軍のものの考えかたをいくらか教えてくれるかもしれない、とわたしは感じた。軍内部ではこの手の思いつきが日常的に生みだされているのだろうか？

グレン・ホイートンと別れたあと、わたしはマイクル・エイチャニスについてできるかぎりのことを調べようとした。彼は一九五〇年にアイダホ州ナンパで生まれていた。子供時代の友だちによれば、エイチャニスは自宅から通りをいった先に住んでいた老婆が〝ひどいがみがみ屋〟だったので、〝その婆さんの薪小屋をふっ飛ばした〟という。

エイチャニスは一九七〇年に二カ月ベトナムで戦い、二十九人を撃ち殺した――〈公認戦果〉である――が、その後、足とふくらはぎの一部を吹き飛ばされて、サンフランシスコへ船で送りかえされた。サンフランシスコで医者たちは彼が二度と歩けないと宣告したが、彼は医者たちに糞食らえといい、それどころか一九七五年には韓国の武術、花郎道《ファランド》の指折りの唱道者になって、透明になる方法などをフォート・ブラッグ基地で特殊部隊に教えていた。

「煉瓦を水平に積んだ壁のそばに立たなければならないときには、垂直に立ってはならない」と彼は特殊部隊《グリーンベレー》の訓練生たちに語った。「木のなかでは木のふりをする。開けた場所では岩のように丸まるんだ。建物のあいだでは配管のように見せかける。特徴のない白壁を通りすぎなければならないときには、リバーシブルの布切れを使う。白い四角を身体の前に持って移動するんだ。黒を思い浮かべろ。それが無だ」

この無というのは、エイチャニスにとって重要なことだった。その無のなかで、彼は自分が人を殺せることに気づいていた。エイチャニスの元武術仲間だったボブ・ダガンという人物は、かつて《ブラック・ベルト》誌に、自分はエイチャニスが基本的に精神異常だと思うと語っている。彼によれば、エイチャニスはつねに暴力をふるう一歩手前の状態にあって、いつも死や死の過程について考えていたという。この特異な性格は、ベトナムで二十九人目の公認戦果をあげて、そのあと足を吹き飛ばされたころ、エイチャニスの精神に宿ったものだという。

「相手の腕と脚を見るんだ」とエイチャニスはグリーンベレーの訓練生たちによく語った。「ぎりぎりになるまで相手の目を見るんじゃない。ほんの一瞬、相手を目でとらえるだけで、人を凍りつかせることができるんだ。わたしは相手を見ずに近づいていって、突然じっと見つめる。目が合うと、相手はわたしを見つめる。そのコンマ何秒かの時間、相手の身体は凍りつく。わたしが相手を攻撃するのはそのときだ。よどみなく話しかけるのもいい。なるべく淡々とな。『いや、きみを刺したり襲ったりするつもりはないよ』といった具合に。それから、やれ。もし諸君が自分の目や身体や声を完璧にリラックスさせていれば、相手は諸君が飛びかかろうとしていることなど気づかないだろう」

一九七〇年代なかば、エイチャニスは『戦闘用ナイフ護身術』という本を出版した。この本は、騒々しく跳び上がって身体をひねりながら敵をナイフで攻撃するテクニックを紹介して論議をよんだ。この方法は、一部のナイフ格闘術マニアからは称賛されたが、跳んだり身体をひねったりすればあやまって自分を刺すかもしれないと考える者たちからは批判を受けた。ナイフで武装したときには、フットワークはシンプルにすべきだというのである。

にもかかわらず、エイチャニスのスーパーパワーは伝説的な話題になっていた。ある元グリーンベレー隊員はインターネットでこう回想している。

わたしは驚きのあまりぽかんと口を開けた。わたしは彼が釘のベッドに横になり、訓練生が大ハンマーをふるって彼の腹の上で煉瓦ブロックを割るのを見守った。彼は鉄のスポークで首と前腕の皮膚をつらぬき、砂の入ったバケツを持ち上げてから、出血もなく外傷の肉体的形跡もほとんど残さずにそれを引き抜いてみせた。十二人が彼と綱引きをしたが、一インチも動かすことができなかった。彼は参加していた二、三人の人間に催眠をかけさえした。グリーンベレー隊員たちはぼろ人形のように投げ飛ばされた。彼が与えることのできた苦痛はこの世のものとも思われなかった。彼は指一本で人を手ひどく痛めつけることができた。マイク、きみのことを忘れてはいないよ。きみがくれたナイフはわたしのベレーの横に置いてある。きみはわたしの魂を終生鍛えてくれた。マイク・エイチャニスに神の祝福あれ！

エイチャニスは、〝プロの冒険家のための雑誌〟《ソルジャー・オブ・フォーチュン》の武術担当編集者をしばらく務めた。彼は文字どおりアメリカの傭兵たちのシンボルのようなものになった。《ソルジャー・オブ・フォーチュン》誌や《ブラック・ベルト》誌の表紙にしばしば登場したからである。もしカイゼル髭を生やしたハンサムなたくましいアメリカ人傭兵が、戦闘服にバンダナというでたちで、恐ろしげなぎざぎざの峰を持つナイフを握り、目を光らせながら武装してジャングルの地形に横たわっている一九七〇年代の写真に出くわす機会があったら、それはたぶんマイクル・エイチャニスだろう。こうしたことは彼をいっそう有名にしたが、傭兵にとってはあまり誉められた戦術ではないし、それがたぶん二十八歳の若さで謎めいた死をとげる原因ともなったのだろう。

エイチャニスの死についてはいくつもの説がある。一つ確かなのは、それがニカラグアで起きたことである。彼はそこで当時の独裁者アナスタシオ・ソモサに仕事上の立場で協力していた。一部の報告は、二人の会合を手配したのはCIAだったといっている。CIAが五百万ドル払って、ソモサの大統領警護隊と対サンディニスタ・ゲリラ・コマンドーに深遠な武術のテクニックを教えさせたのだという。

エイチャニスはソモサの人物紹介記事を執筆している人間の一人に、自分がニカラグアにいるのが好きな理由は、故郷のアメリカでは通りを歩いていて戦いに巻きこまれるのがじつにむずかしいからだと語っている。しかし、ここニカラグアでは毎日のように戦うことができると。ソモサから金をもらって農民の反乱を叩きつぶす手伝いをするのは、いささか英雄らしくないということもできるが、わたしがその見かたをおずおずと持ちだしたときエイチャニスのファンたちが語ってくれたところによれば、それがエイチャニスの勇気をさらに傑出したものにするのだという。アメリカ国民はソモサのことをかならずしも気に入っていないし、マスコミはソモサに敵対する〝サンディニスタ・ゲリラを聖人に仕立てていた〟からである。

ある説によれば、エイチャニスの死にまつわる出来事は以下のとおりだ。エイチャニスと数人の傭兵仲間はソモサが考えた残虐行為を遂行するためにヘリコプターに乗っていた。ヘリは反ソモサの武装勢力が仕掛けた爆弾のせいか、もしくは同乗者が手榴弾をいたずらしていてその一つが暴発したせいで爆発し、乗っていた全員が死亡した。

サンディエゴのキャンプ・ペンドルトン海兵隊訓練基地で武術を教えている師範のピート・

ブルッソが教えてくれたべつの説では、エイチャニスはヘリコプターに乗っていなかった。地上にいて、自分の超人的なパワーを自慢してうぬぼれていたのだという。

「彼はよく自分をジープに轢《ひ》かせていたんだ」とピート・ブルッソは説明した。「特殊部隊員たちはジープを一台持ってきて、彼は地面に寝そべる。すると、ジープはゆっくりと彼の上を乗り越えるという寸法だ。これをやるのはそうむずかしくない。重量二千五百ポンドで四輪のジープを、四輪駆動で走らせる。もしジープがごくゆっくりと上を乗り越えれば、身体はかなり耐えられるものなんだ。しかし、ジープがちょっとでもスピードを出して身体にぶつかれば、運動エネルギーの衝撃を身体で受けることになる」

ピートの話によれば、エイチャニスは傭兵仲間に自分を轢いてみろと挑戦したのだという。そうやって自分の恐るべき評判が根拠のあるものであることを証明しようとしたのである。

「ところが、ジープを運転したのが誰だか知らないが、そいつはスピードを落とすことになっていたのを知らなかったんだ」とピート・ブルッソはいった。「こりゃまた失礼ってやっさ！」彼はげらげら笑った。「そうとも、それで彼は内臓をやられて死んだんだ。わたしはそう聞いている」

「みんなが気まずい思いをして、もしかしたら逆に法的に訴えられるのを避けるために、あとからヘリコプターの話がでっちあげられたのだと思いますか？」

「その可能性はある」とピート・ブルッソはいった。

しかし、わたしがマイクル・エイチャニスについて読んだり聞いたりした逸話のなかには、彼が見つめるだけで山羊を殺したことについて触れたものは何一つ見つからなかった。したがって〈山羊実験室〉に関するかぎり、わたしは八方塞がりだった。

実際、奇妙な話だが、わたしがエイチャニスの昔の友人や仕事仲間とのEメール交換で山羊を見つめる話を持ちだすたびに、彼らはきまってすぐさま返事のメールを送ってこなくなった。わたしはたぶん彼らがわたしのことを頭がおかしいと思っているのだろうと考えはじめた。それが理由で、わたしはしばらくして、〝山羊〟とか〝見つめる〟とか〝死〟といった、あぶない響きのある言葉をさけるようになった。そのかわりにこういった質問を送ったのである。

「マイクルが遠くから家畜に影響をおよぼす試みにかかわったことがあったかどうかお聞き及びではありませんか？」

しかし、それでもEメールのやりとりは突然とだえた。たぶんわたしはたしかになにかの国家的な機密にぶつかっていたのだろう。誰もがそれを知っていることをいっさい認めたがらないような。

そこでわたしはグレン・ホイートンにもう一度電話をかけた。

「最初に山羊を見つめることを考えたのは誰なのか教えてくれませんか？」とわたしはいった。「それだけ教えてください」

グレンはため息をついた。彼は一つの名前を口にした。

それから数カ月間にわたって、ほかの〈ジェダイの戦士〉たちも同じ名前をわたしに教えてくれた。その名前はくりかえし登場した。軍の外部の人間にはほとんど知られていない名前である。しかし、その人物が〈ジェダイの戦士〉たちを駆り立てて、彼らがおこなったようなことをやらせたのだ。実際、オカルトに情熱を燃やし、超人的パワーの存在を信じていたこの一人の男が、アメリカ陸軍の日常のほぼあらゆる側面に深い影響をおよぼしていることは、従来記録に留められてこなかった。スタッブルバイン将軍が壁を通り抜けようとして失敗に終わった試みは、この人物に触発されたものだったたし、秘密性の尺度の対極では、アメリカ陸軍の有名な新兵募集テレビCMの台詞、〝きみがなれるすべてのものになれ〟もまた、この人物に影響されたものだった。

きみは心の奥底に手をのばし
いままで知らなかったものを手に入れようとしている
きみがなれるすべてのものになれ
きみにはできる
アメリカ陸軍で

このスローガンは広告雑誌《アドバタイジング・エイジ》で、アメリカのテレビ・コマーシャル史上、二番目に効果的な殺し文句に選定されたことがある（トップは、〝きょうは一休みしてもいいんですよ。さあ、立ち上がって逃げだしましょう。〈マクドナルド〉へ〟だった）。この言葉は、一九八〇年代に全米の大卒者のレーガン主義的な心を動かした。この殺し文句が誕生するきっかけをお膳立てした軍人の頭のなかでは、〝きみがなれるすべてのもの〟のなかにこんなとほうもないことがふくまれていたなどと、誰が信じただろうか？

この人物は善意と平和への思いに満ちあふれていたが、のちにわたしが知ったところによれば、二〇〇三年五月にイラクでアメリカ軍がおこなったグロテスクきわまる拷問の産みの親でもあった。この拷問は、イラク人収監者たちが自慰行為や収監者同士のオーラルセックスの真似事を強制されたアブグレイブ刑務所でおこなわれたものではない。拷問がおこなわれたのは、シリア国境沿いの小さな町アル・カイムの使われていない鉄道駅の陰に置かれた貨物用コンテナのなかである。ある意味ではアブグレイブの虐待行為と同じぐらい恐ろしい出来事だったが、写真に撮られていない上に、〈紫色の恐竜バーニー〉が関係していたので、アブグレイブと同じような大々的な取材を受けたり、全世界から嫌悪をもって迎えられたりすることはなかった。

こうしたことや、山羊をにらみ殺す術、そのほかたくさんの事柄が生まれるきっかけとなったのは、ジム・チャノンという一人の中佐だった。

3　第一地球大隊

　ある冬の土曜日の朝、ジム・チャノン退役中佐は、広大な地所のなかをぶらぶらと歩きながら――地所はハワイのある丘の頂上をほとんどしめていた――風に負けない声でどなった。

「わたしの秘密の庭、わたしのエコ農場へようこそ。新鮮な苺はどうかね？　ついさっきまで生きていたものを食べることほどすばらしいものはない。もし船がこなくなっても、もし歴史が消え失せて世界がわれわれを押しつぶしても、わたしは自活するつもりだ。わたしは風を呼び寄せる！　風はたのめばきてくれるんだ。それが信じられるかね？　わたしのベンガル菩提《ぼだい》樹《じゅ》のところへきたまえ。こっちへくるんだ！」

「いまいきますよ！」とわたしは答えた。

　ベンガル菩提樹は真ん中から裂けていて、くねくねとした丸石敷きの小道が根のあいだを通り抜けていた。

「もしあの門をくぐりたければ、きみは霊感の持ち主であり予言者でなければならないよ。最高のショッピングリストを作り上げられるようでないとならないんだ。だから、わたしの安らぎの場所へようこそ。わたしが傷をいやし、よりよき奉仕の夢をみる場所へ」

「なぜあなたはわたしが抱くアメリカ陸軍中佐のイメージからそんなにかけ離れているんです

か？」とわたしはたずねた。

ジムはこの質問について考えた。長い銀髪に手を走らせると、彼はいった。「きみが陸軍中佐にあまり会ったことがないからさ」

これがいまのジム・チャノンだった。しかし、ベトナムのジムではない。当時の彼の写真には、髪を短く刈った軍服姿の若者が写っている。胸にはオークの葉飾りにかこまれたライフルの形をした記章をつけている。ジムはいまでもその記章を持っていて、わたしに見せてくれた。

「これにはどういう意味があるんですか？」とわたしはたずねた。

「戦闘に三十日間従事したという意味だ」と彼はいった。

それから彼は言葉を切って、記章を指差し、「これは本物だ」といった。

ジムはすべてがはじまったまさにその瞬間のことを正確に記憶している。それはベトナムではじめて実戦に参加した日のことだった。彼は四百機のヘリコプターの一機に乗って、爆音をあげてソン・ドン・タイ川の上空を飛びながら、D戦区という名前で知っている場所へ向かっていた。彼らは四日前にD戦区を占領しようとして失敗したアメリカ兵の死体のあいだに着陸した。

「兵士たちは太陽に灼かれて、壁のように折り重なっていた」とジムはいった。

死体の臭いをかいだ瞬間、彼の嗅覚は遮断された。嗅覚が戻ってきたのは数週間後のことである。

ジムの右にいたアメリカ兵がヘリコプターから飛び降り、すぐさま闇雲に銃をぶっぱなしはじめた。ジムはやめろと叫んだが、兵士にはその声が聞こえなかった。そこでジムは彼に飛びかかって、地面にねじ伏せた。

なんてざまだ、とジムは心のなかで思った。

すると、一人の狙撃手がどこからかジムの小隊に向かって一発撃ってきた。隊員たちは全員、その場につっ立っていた。狙撃手はふたたび発砲し、アメリカ兵たちは目に入る唯一の椰子の木に向かって走りだした。ジムはあまりにも速く走りすぎたので、顔から木に激突した。誰かが背後でこう叫ぶ声が聞こえてきた。「百メートル先に黒いパジャマ服のベトコン」

それから二十秒ほどして、ジムは心のなかでつぶやいた。なぜ誰も撃たないんだ？　なにを待っている？　おれが撃てと指示するのを待っているはずはないよな、そうだろう？

「やつを片づけろ！」とジムは叫んだ。

すると兵士たちは撃ちはじめ、射撃がひととおり終わると、少人数のチームが死体を探すために前進した。しかし、あれだけ銃弾を浴びせたのに、彼らは狙撃手に命中させていなかった。

どうしてそんなことになったのか？

すると一人の兵士が叫んだ。「あれは女だぞ！」

畜生め！　とジムは思った。この事態にどう対処しよう？

それからすぐに、ジムの部下の一人が狙撃手に肺を撃ち抜かれて死んだ。彼の名前はショー上等兵といった。

「ベトナムでは、わたしはタイヤのゴムになったような気分だった。政治家どもはあっさりと手を振ってわたしを追い払った。わたしのほうは、隊で戦死した兵士の親御さんに手紙を書かなきゃならなかったというのに」

そして、アメリカに帰国すると、田舎に車を飛ばしてそうした親たちと会い、感謝状と戦死した子供の身のまわり品を手渡すのが彼の仕事になった。そうした長い車の旅のあいだ、ジムはショー上等兵の死にいたるまでの瞬間を心のなかで何度も思い浮かべた。

ジムは部下の兵士たちに狙撃手を倒せと叫んだが、部下たちは全員ことごとく狙いが高かった。

「これは新米兵士が人を撃つときに共通する反応であることがだんだんとわかってきたんだ」とジムはいった。「人を撃つというのは自然なことではない」

(ジムが目にしたことは、第二次世界大戦後、戦史家のS・L・A・マーシャル将軍がおこなった研究とも一致する。将軍は数千人のアメリカ軍歩兵に話を聞いて、実際に殺すつもりで銃を撃った人間はその一五から二〇パーセントにすぎないと結論づけた。それ以外は、ほかのなにかで忙しくて、上に向けて撃ったか、まったく発砲していなかったのである。

そして、殺すつもりで撃った兵士たちの九八パーセントは、その行為で心に深い傷を負ったことがのちにわかっている。残りの二パーセントは、〝攻撃性精神病質人格者〟だと診断された。国内だろうが国外だろうが、基本的にはいかなる状況でも平気で人を殺せる人間だと。

研究の結論は、殺人学調査グループのデーヴ・グロスマン中佐の言葉によれば、以下のようなものであった。「回避できない持続的な戦闘には全兵士の九八パーセントを狂気に駆り立てるなにかがあり、残りの二パーセントはその場にきたときすでに狂気に犯されているのである」)

ベトナム従軍後しばらく、ジムは鬱病をわずらった。彼は娘の誕生を見守れないことに気づいた。苦痛を思い起こさせることはいっさい直視できなかったのである。病院の助産師たちは、マスコミでこの種のことが報じられていなかったので、ジムの頭がおかしいのだと思った。ジムは、ショー一等兵が死んだのは彼の戦友たちがすなおでやさしい気持ちにつき動かされたせいだと知って、胸を引き裂かれるような思いをした。彼らは軍が望んだような殺人マシーンではなかった。

ジムはわたしを家につれていった。まるでファンタジー小説のなかで親切な魔女が住んでいるような家だった。仏教の美術品や、ピラミッドの上にすべてを見とおす目が描かれた絵といったものがぎっしりとつまっていた。

「軍務に引きつけられる種類の人間は、ずるく立ちまわることがとても苦手なんだ。われわれはずる賢くなれなかったために、ベトナムで痛い目にあった。われわれは自分たちの正義をたてにふりかざし、ケツを吹き飛ばされた。アメリカ政府のほかの部局なら多少ずるさを見つけられるかもしれないが、陸軍でそれを見つけるのはかなりむずかしいだろう」

そこで一九七七年、ジムは国防総省の陸軍参謀次長ウォルター・T・カーウィン中将に手紙を書いた。彼はその手紙のなかで、もっとずる賢くなる方法を陸軍に学んでもらいたいと訴えた。彼は実態調査の任務に出たかった。どこから手をつければいいのかわからなかったが、ずるく立ちまわる方法を教わりたかった。国防総省はジムの給料と調査旅行中の経費を払うことに同意した。そして、ジムは車に乗りこむと、旅をはじめたのである。

スティーヴン・ヘルパーンはインターネットで売られている一連の瞑想用CDやサブリミナルCDの作曲家である。そのタイトルには、〈理想の体重を実現する〉（「この音楽を食事のときに流してください。すると食事をゆっくりと嚙んで食べるようになります。自分の身体を完全に受け入れ、愛するようになります」）や、〈あなたの『内なる子供』を育てる〉（「欲求を満たしてくれなかった両親に対する恨みや苦痛を解放できます」）、〈親密度を高める〉（「あなたの身体はわたしのどこに触れればいいかわかるようになります。わたしを抱いて、愛撫するのが好きになります」）などがある。

〈二十五年以上にわたって、彼の音楽は数百万の人々の人生に触れ、世界中の家庭やヨガ・マッサージ・センター、ホスピス、進歩的な会社のオフィスで使われています〉とスティーヴンのウェブサイトにはある。

スティーヴンがジム・チャノンに会ったのは、作曲家として仕事をはじめたばかりの一九七八年、カリフォルニアのあるニューエイジ信者の集まりだった。ジムはアメリカの兵士たちをもっと平和な気持ちにさせるためにスティーヴンの音楽をなんとか役立てたいのだと語った。彼はまた、スティーヴンの音楽を戦場で流して、敵の気持ちも平和にさせたいと願っていた。

スティーヴンがすぐに考えたのは、自分はリストに載りたくない、ということだった。

「ときどき人はリストに載る羽目になるんだ、いいかい？」とスティーヴンはわたしにいった。「連中は人の活動を監視する。この男は何者だ？　いいことを学びたがっている人間のふりをして、本当は、それをわたしの害になるように利用しようとくわだてているのか？」

わたしはスティーヴンがジム・チャノンとの出会いを鮮明におぼえていることにびっくりし

た。スティーヴンによれば、環境音楽の分野で仕事をしている人間が軍人から接触を受けることはめったにないからだという。それにくわえて、精神世界の見地から見て、ジムは自分の足で歩いている感じがした。ジムはじつにカリスマ的だった。それに、とにかくあのころはみんなが疑心暗鬼の時代だった、とスティーヴンはつけくわえた。「われわれはベトナムからちょうど抜けだしたばかりだった」と彼はいった。「過激な反戦運動家の一部が二重スパイだったことが明るみに出てね。UFO研究の分野でも状況は同じだった」

「UFO研究ですって？」とわたしはいった。「なぜ政府のスパイがあそこにもぐりこみたがるんです？」

「おい、ジョン」とスティーヴンはいった。「うぶなことをいうんじゃない」

「でも、なぜです？」とわたしはたずねた。

「誰もがみんなを見張っていたんだ」とスティーヴンは答えた。「みんな疑心暗鬼になっていたので、UFOについて講演する人間は、きまってまず最初に、政府のスパイは全員立って名を名乗れといったものだ。知れば知るほどわからなくなるのさ、いいかね？　とにかく疑いが渦巻いていたんだ。そんなところにある男が近づいてきて、軍の人間だと名乗り、わたしの音楽について知りたいといったんだ。それがジム・チャノンだった」

「なぜ彼がとくにあなたに近づいたのだと思います？」とわたしはたずねた。

「ある人間が一度、わたしの音楽は黙っていても人々に霊的な体験をさせるといったことがある」とスティーヴンは答えた。「それが理由だと思う。彼は軍の上層部を説得する必要があるといっていた。トップの連中をね。そういう連中は瞑想的な状態のことをなにも知らない。彼はその連中をそうと知らせずに瞑想的な状態に入らせたかったんだと思う」

「もしくは、サブリミナル音で上官たちに催眠をかけたかったのかもしれない」とわたしはいった。

「そうかもしれない」とスティーヴン。「じつに強力な音楽だからね」

スティーヴンはサブリミナル音の力について少し教えてくれた。とあるアメリカの福音主義教会が、あるとき賛美歌の最中、耳では聞き取れない音を会衆に聞かせたことがあるという。礼拝が終わったとき、教会関係者はいつもの三倍の寄付が集まったことに気づいた。

「戦術的優位というやつだ、わかるね?」とスティーヴンはいった。「普通の教会が寄付金集めに失敗しているのに、なぜ福音主義教会があんなにたくさんの金を集めているのか知りたいかね? ことによるとこれがその答えかもしれないぞ」

また、最近、ある友人の仕事場をおとずれたのだが、と彼は言葉をつづけた。「わたしはそこへ足を踏み入れたとたん、いらいらした気分になった。そこで、わたしは『きみの仕事場はわたしをいらいらさせるんだが』といった。すると友人は『それはわたしの新しい能率アップ用サブリミナル・テープのせいだよ』と答えた。わたしは『じゃあ、止めてくれ』といった」

スティーヴンは言葉を切った。「わたしはすぐに気づいた。耳が慣れているからね。しかし、大半の人間はそうではない」

スティーヴンはサブリミナル音の力についてもジム・チャノンに語り、ジムは礼をいって立ち去った。二人がふたたび会うことはなかった。

「これは二十五年前の出来事だ」とスティーヴンはいった。「だが、わたしはきのうのことのようにおぼえている。ジムはじつに礼儀正しい人物という印象だった」スティーヴンはちょっと黙りこんだ。それから彼はこういった。「いいかね。いま思い返してみると、わたしは彼にこういった情報をどうするつもりなのかをたずねたかどうかはっきりしないんだ」

ジム・チャノンが二年間の旅でたずねた人間は、ほぼ全員がスティーヴン・ヘルパーンのようにカリフォルニア人だった。ジムは全部で百五十のニューエイジ団体に立ち寄った。バークリーの〈バイオフィードバック・センター〉や、〈インテグラル・チュアン・インスティテュート〉(「花の蕾がそのなかに完璧な花の本質的形態を持っているのと同じように、わたしたちはみな、自分のなかに完璧な自分の本質的形態を持っているのです」)、〈脂肪解放運動〉(「あなたはきっと痩せられます!」)、〈ジョギングを超えて〉、さらには、メイン州の〈ジェントル・ウインド世界ヒーリング機構〉(「もしあなたが十歳か十二歳になる前にアメリカやそれと同様の教育習慣を持つ国で学校にかよったなら、あなたは深刻な精神的感情的な傷を負っています……。〈ジェントル・ウインド〉のヒーリング技術が力になれます」)といった団体である。〈ジェントル・ウインド〉はその門をくぐった者全員にそうしているように、たぶんジムに自分たちのヒーリング装置をすすめただろう。その魔法の成分は秘密のベールで厳重に守られているが、同団体が提供している手がかりによれば、「人間界ではなく霊界から」きたものであるという。コンピューターの回路基盤そっくりに着色された大きめの石鹸のようなものを想像していただきたい。これが〈ジェントル・ウインド〉の〈ヒーリング・バー1・3〉、「七千六百ドルの寄付をお願いいたします」である。かなり高価だが、「〈虹の妖精Ⅲ〉と〈Ⅳ〉をはるかに凌駕する、ヒーリング技術の新たな先端をしめすもの」であって、「最低六から六十メガヘルツをゆうに超える時間変動と、あらかじめ定められた無数のエーテルの変位を組み合わせたもの」がふくまれているという。

〈ジェントル・ウインド〉の広報資料は、購入を検討している者たちや新会員にこう断言している。「ここには救世主はいません……。〈ジェントル・ウインド計画〉には、救世主はいません。どうか救世主を探して時間をむだにしないでください。ここにはいませんから」

にもかかわらず、元メンバーの一部は、〈ジェントル・ウインド〉の筆頭導師のジョン・ミラーが過去数年にわたり全スタッフに、アトキンス式低炭水化物ダイエットをつづけ、ベージュ色だけを身につけるよう命じているとわたしに断言した。また、〈ヒーリング・バー〉にふくまれている謎の霊界成分とは、実際にはグループ・セックスなのだという。彼らが主張するシナリオとはこういったものであるらしい。ジョン・ミラーが女性スタッフの一人ににじり寄って、こういう——わたしはグループの元メンバーたちの主張をもとに、わかりやすく要約しているのだが——「おめでとう。きみはわれわれの極秘のエネルギー活動に参加するために霊界から選ばれた。ご主人にはいわないように。エネルギー活動を理解してくれないだろうからな」

それから彼女はジョン・ミラーの寝室へつれていかれ、彼やほかに選ばれたさまざまな女性たちとセックスする。そして、儀式が終わると、ジョン・ミラーは「急げ。〈ヒーリング・バー〉を作るのだ」という。〈ジェントル・ウインド〉はこうした訴えに異議をとなえ、二〇〇四年にこうした主張をおこなった元メンバーたちを相手に訴訟を起こした。

ある〈ジェントル・ウインド〉の顧客——ブリストル在住のカップル——はこういう感想を

述べている。「わたしたちは飼猫のモーヤのすばらしい進歩に気づいています。〈ジェントル・ウインド〉のヒーリング装置を彼女に使ったとたん一夜にして、助けを待つだけの神経過敏で臆病な猫から、人懐っこい自信たっぷりの冒険家にがらりと変わってしまったんです」

しかし、べつの顧客はこう注記している。「最初、わたしはたしかに装置が自分のオーラにあきらかな効果をおよぼしたことに喜びましたが、（それを安定と書かれたラベルのほうへ切り替えると）自分が心のなかでその体験に感応しなくなるのを感じました。話せば長くなるので簡単にいいますと、わたしは過去五カ月間〈エクイリブリア〉の〈ユニバーサル・ハーモナイザー〉をかわりに使っていて、いまはまたとても調子がよくなりました」

〈ジェントル・ウインド〉では、世界百五十カ国以上で六百万の人たちが自分たちの製品を使っているといっている。また、彼らはジムと会った記憶はないとわたしに語り、国防総省が資金を出した知的探求の旅の途中で彼が出くわしたのは、べつの〈ジェントル・ウインド〉だろうといった。彼らのいうとおりだということもありえたが、わたしは、当時ニューエイジ運動や人間潜在能力回復運動のなかで活動していたべつの〈ジェントル・ウインド〉をいまだに見つけだしていない。

ジム・チャノンも〈ジェントル・ウインド〉のことはよくおぼえていなかったが、このグループは彼にある衝撃を与えたにちがいない。のちに国防総省のために作成した秘密報告書のなかで、彼らにとくに言及しているからである。

ジムは、ビッグ・サーの〈エサレン人間潜在能力回復促進研究所〉で、精神分析学者ヴィルヘルム・ライヒ流の再誕生や、普通の腕相撲にしわがれ声の叫びを組み合わせた原初療法の腕相撲、裸で風呂につかる集団感受性訓練グループの会合を経験した。彼はそこで〈エサレン研究所〉の創設者であるマイクル・マーフィーのカウンセリングを受けた。マーフィーはニューエイジ運動を発明した名誉を与えられている人物である。ジム・チャノンは彼が出会ったセラピストたちにも導師たちにも、自分がアメリカ兵にもっとずる賢くなることを教えるために彼らのテクニックをどう取り入れようかと考えていることをぜったいに打ち明けなかった。

ジムは当時の日記にこう書いている。「ロサンゼルスで発展した価値観がアーカンソーの田舎にたどりつくには十年かかる場合も多い。こんにち西海岸で発展しているものは、いまから十年後には全国的な価値体系となるだろう」

ジムは一九八〇年代のアメリカを以下のように想像していた。政府はもはや「天然資源の開発」という考えかたをしなくなるだろう。そのかわりに「資源保護と環境の健全さ」に重点が置かれる。経済の仕組みは「どんな犠牲を払っても消費を促進する」ことではなくなる。攻撃的でも競合的でもなくなるのである。これがアメリカを席巻しようとしている新しい価値体系だと、ジムは予言した。

ジムはこれがすべて実現すると信じる必要があった。彼は当時の陸軍参謀総長エドワード・マイヤー大将が「空っぽの軍隊」と呼んだもののために働いていた。これはベトナム戦争後の軍の精神状態を表わすためにマイヤーが発明した言葉だ。戦闘後の鬱状態と心的外傷後ストレスに悩まされたのは、個々のベトナム帰還兵だけではなかった。陸軍全体が心に傷を負い、ふさぎこんで、有害な劣等感に悩まされていたのである。予算はいたるところで削減されていた。

徴兵制は廃止され、軍はアメリカの若者にとって魅力的な職業の選択肢ではなくなっていた。事態はかなり深刻だった。ジムは自分をニューエイジの不死鳥になりうる存在だと考えていた。灰から飛び立ち、陸軍と彼が心から愛する祖国に喜びと希望をもたらす存在だと。

「世界を楽園へとみちびくことがアメリカの役目なのだ」とジムは書いている。

ジム・チャノンは一九七九年に旅から戻り、上官宛てに秘密報告書を書いた。その一行目にはこうある。「アメリカ軍には実際のところ、すばらしくなる以外に満足な選択肢は残されていない」

末尾にはこうただし書きされている。「（これは）現時点での軍の公式な立場をふくむものではない」

これがジム・チャノンの『第一地球大隊作戦マニュアル』である。

マニュアルには百二十五ページにわたって図やグラフ、地図や論文、軍隊の日常のあらゆる側面の再設計などがならんでいた。ジム・チャノンの第一地球大隊では、新しい戦闘服に、薬用人参の供給器や潜水器具、夜目がきくようになる食べ物、「現地の音楽と平和の言葉」を自動的に流す拡声器などのためのポーチがついている。

兵士たちは小羊のような「象徴的な動物」を敵国にたずさえていく。動物たちは兵士の手に抱きかかえられている。兵士たちは「きらきらと光る瞳」で人々にあいさつできるようになっている。それから彼らは地面にゆっくりと小羊を置き、敵を「自発的に抱擁する」のである。

こうした手段でも敵をなだめられない可能性があることをジムは認めていた。そういう事態になった場合には、戦闘服についた拡声器のスイッチを入れて、「不協和音」を流すのである。

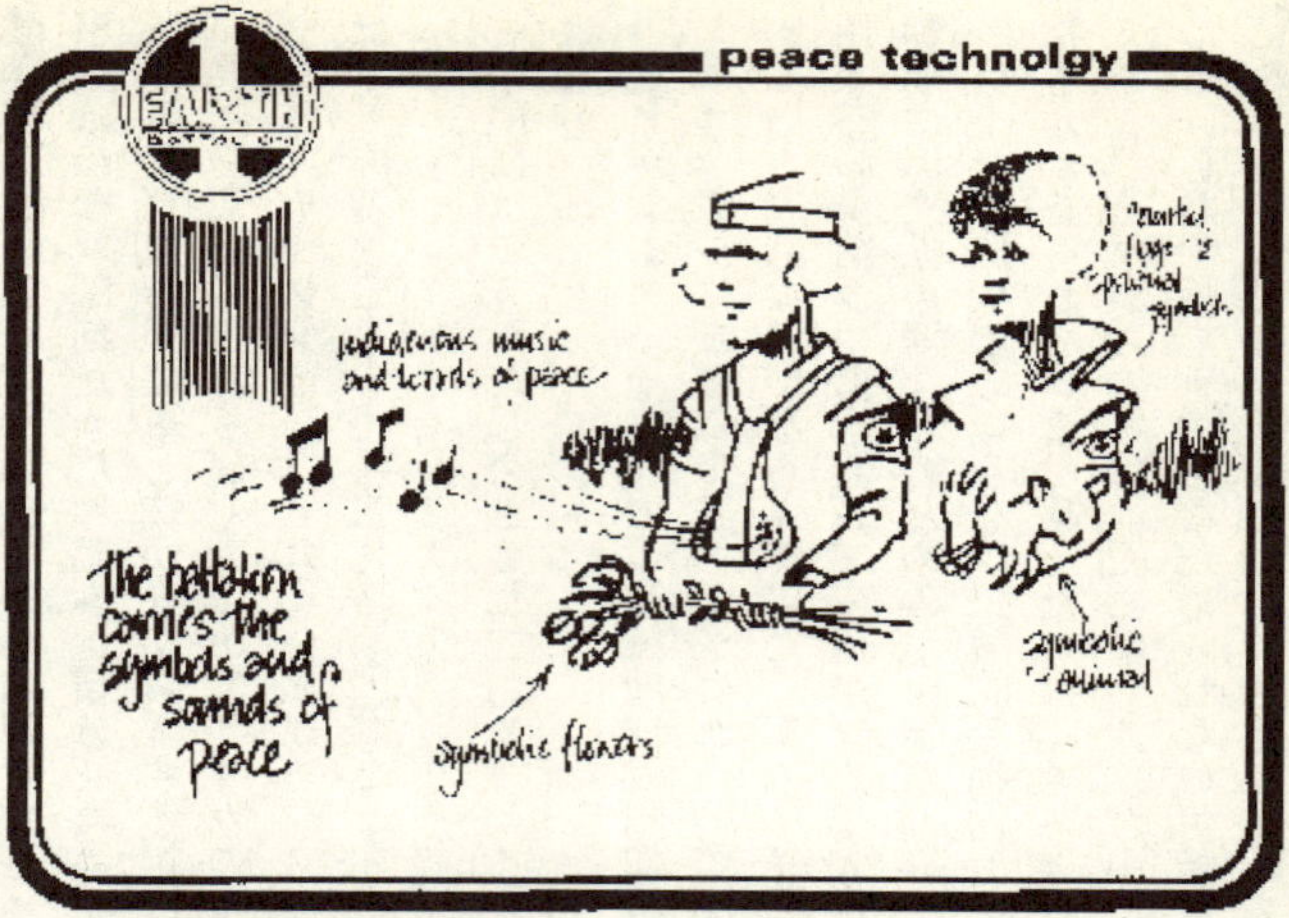

THE FIRST EARTH BATTALION

軍用車にはもっと大きな拡声器が取りつけられ、それぞれがてんでんばらばらなアシッド・ロックをかけて、敵を混乱させることになっていた。

　こうした手段がすべてうまくいかなかった場合にそなえて、新種の武器が開発されることになっていた——殺傷力を持たない「心理電子」兵器である。そのなかには、敵意を持つ群衆に正のエネルギーを向けることができる機械もふくまれていた。

　もしほかのすべての手段が失敗したら、殺傷力を持つ兵器が使われることになるが、その場合、「地球大隊の兵士は、無差別戦争の道具として使われたため、天に召されることはないだろう」。

　基地では、第一地球大隊の義務である儀式のために、フードつきのローブが着用される。女性蔑視の好戦的な古い掛け声（「こんな話を知ってるかい、エスキモー女のあそこは冷たいぞ……」など）は廃止され、かわって新しい掛け声「オーム」がとなえられる。

軍楽隊は、もっと吟遊詩人のようになる方法を学ぶことになる。「歌と踊り」と「欲望を捨て去ること」は、格闘術と同じぐらい重要な訓練の一部となる。

「戦士僧《ウォリアー・モンク》は、欲望に依存しない存在である」とジムは書いている。「戦士僧は、地位に依存しない存在である。この修練は、禁欲的な狂信者を作りだすためのものではなく、あきらかに、金目当ての傭兵を排除するためのものである」

（マニュアルのこの部分はたぶん、マイクル・エイチャニスからは無視されることだろう。彼はフォート・ブラッグ基地で山羊をにらみ殺したとされるときからニカラグアで謎めいた死をとげるまで、アメリカでもっとも有名な傭兵となった）

第一地球大隊の訓練生は一週間、ジュースだけを飲んで断食し、それから一カ月間、豆類と穀類だけを食べる訓練をする。彼らは、

「あらゆる人間を愛し、植物のオーラを感じ、子供と木の苗を育てるようになる。壁のような物体を通り抜けたり、思っただけで金属を曲げたり、火の上を歩いたり、コンピューターより速く計算したり、身体に悪影響をおよぼさずに心臓を止めたり、未来を予見したり、体外離脱体験をしたり、二十日間、自然のものだけを食べて生きたり、九〇パーセント以上の菜食主義者になったり、大腸をマッサージしてきれいにできたり、おろかな決まり文句を使わなくなったり、夜一人でずっと外にいたり、他人の考えを聞いたり見たりできる能力を手に入れることだろう」

いまやジムがやらなければならないのは、こうした考えを軍に売りこむことだけだった。

ジム・チャノンは裕福な人間であるようだ。彼は実際にハワイのある丘陵地のほとんどを所有している。地所内には屋外円形劇場や村一つ分ほどの数の離れ屋、円形の移動テント、東屋がある。こんにち彼は、軍のためにやったことを会社のためにやっている。壁を通り抜け、世界を変えられると従業員たちに信じさせているのだ。彼はそうした事柄をあたりまえのように語ることでそれを実現している。

「あなたは本気で信じているんですか？」わたしはジムを訪ねた日のある時点で彼にそうたずねた。「誰かがそうした戦士僧の高いレベルに達して、本当に透明になったり、壁を通り抜けられたりするようになると？」

ジムは肩をすくめた。

「子供が車の下敷きになったとき母親が片手で自動車を持ち上げた例があることは知られている」と彼はいった。「同じことを戦士僧に期待してはどうかな？」

ジムは一九七九年に上官に語ったときと同じように、わたしにこういった。軍人の雛型としては馬鹿げているように思えるかもしれないが、カウボーイやフットボール選手のような古い雛型よりも馬鹿げているといえるだろうか？

「戦士僧は僧侶の風格、僧侶の務めと献身、そして戦士の完全無欠の技量と正確さを持つ人間なんだ」とジムはいった。

彼は一九七九年の春、フォート・ノックス基地の将校クラブでこのことを上官たちに話した。

彼は数時間早めに到着して、基地のなかで見つけられるかぎりの鉢植えを運びこんでいた。それを円形に配置して、「まがい物の森」を作った。円の中心には一本の蠟燭をともした。上官たちがやってくると、彼はこういった。「みなさん、儀式をはじめるためにまず真言《マントラ》をとなえます。大きく息を吸い、吐きだしながら『イー』といってください」

「ここで彼らはどっと笑い声をあげた」とジムはわたしにいった。「何人かはちょっと当惑して、忍び笑いをした。そこでわたしはこういうことができたんだ。『すみません！　みなさんは一連の指示を受けておられ、わたしはその指示が高い水準で遂行されるものと期待しております』わかるかね？　軍隊の思考様式に直接訴えかけたというわけさ。二度目にやったときにはみんなが一体になったよ」

それからジムは演説をはじめた。「みなさん、この安らぎの場所へお越しいただき、たいへん光栄に思います。われわれはここでみずからの傷をいやし、よりよい軍務を夢みることができるのです。全世界のほかの軍隊と手をたずさえ、この場をよりよきものに変えるのです。境界線は知らないが、庭園で暮らす方法はよく知っていて、われわれが考え一つで楽園にたどりつけるとわかっているような文明が誕生することは可能なのです」

上官たちはもはや笑っていなかった。実際、ジムは何人かが涙を流さんばかりであることに気づいた。彼らはジムと同じようにベトナムでの体験で打ちのめされていた。ジムは大将や少将、准将や大佐たち――「まさにトップの人間たち」――に話しかけていたが、彼は全員を魅了していた。その場にいたマイク・マローンという大佐などは、感動のあまりすっくと立ち上がり、「わたしは鯔人間《ぼら》だ！」と叫んだほどである。

仲間の軍指揮官たちがとまどった表情を浮かべているのに気づいた大佐は、こう説明した。

「わたしが鯔に強くこだわるのは、それが大衆魚だからです。単純で正直だ。大きな群れや列を作って泳ぎまわる。ほとんどありとあらゆる働きをする。でありながら、同時に高貴でもある。わたしがかつて愛したもう一つの高貴なものと似ています。『兵士』という名前の」

ジムは演説をつづけた。「薔薇色の眼鏡が役に立たないのは、それをはずしたときだけです。ですから、われわれがなれるすべてになるというこの将来構想にいっしょにくわわってください。なぜなら、ここが第一地球大隊のはじまる場所だからです。ここは考えられないことを考え、不可能なことを夢みてもかまわない場所なのです。ご存じのように、われわれは個人とそのチームのためにもっとも強力な一連の道具を作りだすためにここにいます。なぜなら、それがこんにちのアメリカの兵士が置かれている立場と、将来の戦場で彼が生きのびるためにいなければならない立場との相違点だからです」

「この話の意味がわかるかね？」とジムはハワイの自宅の庭でわたしにたずねた。「これは、より大きな現実にいちばん門戸を開きたがらないと思われる、ある組織の創造性の物語なんだ。というのも、このあとどうなったかわかるかね？」

「どうなったんです？」

「わたしはすぐさま第一地球大隊の大隊長に任命されたのさ」

ジムの『第一地球大隊作戦マニュアル』の末尾には、これは軍の公式な立場ではない、と書いてある。にもかかわらず、発表から数週間のうちに、陸軍中の兵士たちがジムの思いつきを真剣に試し、実行しようとしていたのである。

シリコン・ヴァレーの中心部のとある商店街に、ずっと使われていないごくありふれた倉庫のような建物がある。にもかかわらず、バス何台分もの観光客がときおりやってきては、建物の外見を写真におさめていく。その理由は、この建物がシリコン・ヴァレー発祥の地だからである。もともとはアプリコットを保管する倉庫だったが、やがてウィリアム・ショックリー教授がここに引っ越してきて、トランジスターを共同発明し、奥の部屋でシリコンの結晶を育て、一九五六年にその業績でノーベル賞を受けた。

一九七〇年代後半には、この建物——サン・アントニオ・ロード三九一番地——は、ジム・ハート博士という新しい所有者の手に渡っていた。彼はショックリーとまったく同じように、その分野における先駆者であり、予言者でもあったが、彼の科学はショックリーのそれよりもいささか奇妙なものであったし、それはいまも同様である。

ハート博士はいまもここで働き、奥の小さな一連のオフィスで一般市民から一万四千ドルとって一週間の頭脳訓練修養会を開いている——「〝半干渉性〟というキーワードをいっていただければ、五百ドル値引きします！」と宣伝資料には書いてある。オフィスは暗く、紫外線の蛍光灯だけで照らされ、時計には針がない。わたしはこの場所を見て、〈ディズニー・ワールド〉の〈トワイライト・ゾーン　タワー・オブ・テラー〉を少し思いだした。

わたしはマイクル・エイチャニスが結局のところ、山羊をにらみ殺した伝説の男ではないと確信するようになっていた。きっとグレン・ホイートンはエイチャニス伝説にだまされて思いちがいをしたのであって、あれをやったのはまったくべつの〈ジェダイの戦士〉なのだ。もしかしたらハート博士が答えをくれるかもしれない。というのも、一九七〇年代後半に〈ジェダイの戦士〉たちの脳波を調節して、山羊をにらみ殺すこともできるらしいレベルの悟りの境地へとみちびいたのは、彼だからである。

ハート博士はわたしを座らせて、特殊部隊との「じつに興味深く、いささかメロドラマ的でもある」冒険について話してくれた。

そもそものはじまりは、ジョン・アリグザンダーという名前の大佐がたずねてきたことだった。大佐はある日、ほかに何人か軍人をしたがえて、ジム・ハートのオフィスの戸口に現われた。ジム・チャノンの『第一地球大隊作戦マニュアル』に深い感銘を受けていたアリグザンダー大佐は、ハート博士に白羽の矢を立てたのである。大佐はハート博士が本当にたった七日間で普通の兵士に高度な禅の奥義を体得させ、博士の脳訓練マシーンに接続するだけで彼らにテレパシーの能力を与えられるのかどうかを知りたがっていた。

ハート博士はたしかに本当だと答え、かくして、超常パワーを持つスーパー兵士を作りだすための探求の旅が、シリコン・ヴァレーのまさにこの建物ではじまったのである。

大佐がジム・ハートに語ったところによれば、特殊部隊は『第一地球大隊作戦マニュアル』の発表以来、カリフォルニアからニューエイジ運動や人間潜在能力回復運動のトップクラスの教祖たちを招いて、兵士たちに内なる魂の声にもっと耳を傾ける方法を講義させていたが、うまくいっていなかった。教祖たちはきまって特殊部隊員たちのブーイングや、口笛や、わざとらしいあくびに迎えられたのである。

いまアリグザンダー大佐は知りたがっていた。ハート博士にはやってみる気があるだろうか？　携帯式の脳訓練マシーンをフォート・ブラッグ基地に持ってきてくれるだろうか？

ジム・ハート博士はわたしにマシーンを見せてくれた。頭にベルトで電極を取りつけると、脳のアルファ波がコンピューターに送られる。つまみをひねると、アルファ波が調節される。これが完了すると、ＩＱが十二ポイントも上がり、通常は一生かけて熱心に禅の修行をしなければ達成できない精神のレベルにやすやすと到達することができるのである。もし二人の人間を同時にマシーンにつなぐと、おたがいの心が読めるようになる。

ハート博士はこういったことをアリグザンダー大佐に説明して、やってみせましょうかと申してたが、アリグザンダー大佐はことわった。自分の頭のなかにはたくさんの軍事機密がしまわれていて、それをハート博士にテレパシーで読まれる危険を冒すわけにはいかないというのである。

ハート博士はわかりますよと答えた。

アリグザンダー大佐は特殊部隊員たちがこのアイディア全体にかなり激しい敵意を抱いていることをハート博士に教える義務があると感じた。隊員たちはこうしたことが馬鹿げた迷信だと思っている。実際、隊員たちは「手におえなくて」、「じっと座って聞くこと」をこばむのがつねだった。

そういうことなら、隊員たちがまず一カ月の瞑想修養会《リトリート》に送られるのでなければ、その挑戦は受けられません、とハート博士は答えた。

「ところで」とハート博士はいまわたしに向かっていった。「まず第一に、彼らはそれを瞑想修養会《リトリート》とは呼ぼうとしなかった。〝退却〟という意味もあるリトリートという言葉は、軍では禁句だからね。そこで、瞑想野営《エンキャンプメント》」という名前がつけられた。そして、ひどい失敗に終わった」

「どうしたんです？」とわたしはたずねた。

「兵士たちは瞑想の場でけんか騒ぎを起こしたんだよ。退屈のあまりけんかになったのさ」

そんなわけで、ハート博士がフォート・ブラッグ基地に到着したときには、特殊部隊員たちは依然として「極度の敵意を抱いていて」、一カ月間の瞑想を強要されたことをハート博士のせいにしていた。彼らはそれを「まったく意味のない、時間のむだ」だと考えていたのである。

小柄で痩せて繊細なハート博士は、敵意を抱く兵士たちをおずおずと観察し、それから彼らの頭にやさしく電極を装着すると、自分の頭にも電極をつけた。彼はアルファ波脳訓練コンピューターのスイッチを入れ、調整をはじめた。

「すると突然」とハート博士はいった。「わたしの目から涙があふれて、頬をつたい、わたしのネクタイに落ちたんだ」

いまも彼の目はこの感動的なテレパシーの瞬間を思いだして涙を浮かべかけていた。

「そこでわたしはまだ濡れているネクタイを持ち上げて、こういった。『わたしはテレパシーによって、この部屋にいる誰かが悲しんでいることを知っています』そうして、テーブルを手で叩いて、こういったんだ。『誰かは知りませんがその人物が白状するまでは、わたしたちはこの部屋から出ません』とね。さてさて。二分間はしわぶきの音一つ聞こえなかった。やがて、その百戦錬磨の大佐が手を上げて、こういったんだ。『それはたぶんわたしだろう』」

それから大佐はハート博士と仲間の特殊部隊員たちに、自分の悲しみを物語った。

この大佐は大学時代、〈グリー・クラブ〉で歌っていた。歌っていたのは民謡と合唱曲である。脳のアルファ波が調整されると、彼の心は二十年前の〈グリー・クラブ〉時代の思い出でいっぱいになった。

「彼はクラブ活動ですばらしい喜びを体験した」とハート博士はいった。「しかし、彼は大学から将校訓練学校へまっすぐに進み、喜びをあきらめるという困難な決断をくだしたんだ。そうした喜びは陸軍将校の人生には用なしであると判断して、大学を卒業したときにみずから喜びをきっぱりと締めだしたのさ。いま二十年たって、彼はそんな必要などなかったことに気づいた。彼は二十年間、喜びなしで生きてきた。そして、それは必要なかったんだ」

脳波の調整がはじまって二日目、兵士たちはもう一度頭に電極を取りつけた。

「すると今度は、わたしの両目が蛇口のようになった。わたしはネクタイを取って、それをしぼった。涙でそれほどぐっしょり濡れていたのさ。そして、わたしはふたたびいった。『誰だね？　悲しんでいるのは誰だ？』すると、またしても二分ほどたってから、同じ大佐が手を上げて、今度は自分の体験談を物語ったんだ」

一九六八年のテト攻勢のときだった。大佐は非武装地帯近くの小さな前進野砲陣地にいて、ベトコンの攻撃を受けた。

「そして、この大佐は単独でこの小さな野砲陣地が敵の手に落ちるのを防いだんだ」とハート博士はいった。「彼がどうやってそれをやったかというと、一晩中、機関銃を撃ちまくりつづけたのさ。そして、夜明けがきたとき、彼は自分のせいで血を流して死にかけた敵兵たちの山を目のあたりにして、一つの心ではかかえきれないほどの強烈な感情を抱いたんだ」

脳波の調整の三日目に、ハート博士はアルファ波コンピューターのプリントアウトを調べて、驚くようなものを目にした。

「兵士の一人に、天使を見た経験がある人間にしか見られない脳波のパターンが出ていた」と彼はいった。「われわれはそれを〈霊界の存在の知覚〉と呼んでいる。実体はないが、光る身体を持つ存在のね。そこでわたしは、殺人の訓練を受けたこの兵士の机の前に腰掛け、ごくおだやかな声でたずねたんだ。『あなたはほかの人間には見えない存在と話をしていますか？』

すると、彼は椅子の上でくるりと後ろを向いた。あやうくひっくりかえるところだったよ。まるでわたしが角材で頭をぶん殴ったみたいだった！　ひどくそわそわと動揺して、荒く息をついていてね。左右に目をやって、部屋にはほかに誰もいないことをたしかめていた。それから身を乗りだすと、『ええ』とそれを認めたんだ。彼には、自分にしか見えない武術の指導霊がいた。彼はそのことをいちばんの親友にしか話していなかった。もしそのことを誰かに一言でも漏らしたら、おまえの首をかっ切ってやると友だちに断言していたんだ」

それで彼の話は終わりだった。ハート博士がわたしに教えられるのはこれがすべてだった。博士はそののちはフォート・ブラッグ基地をあとにして、二度と戻らなかった。もし自分が脳波を調整した〈ジェダイ〉兵士の誰かがのちに山羊をにらみ殺すようになったとしても、それが誰なのかはわからない、と博士はいった。

「致死性の武器は使うな！」と悪の研究医グレン・タルボットは叫ぶ。「くりかえす、致死性の武器は使うな！　やつのサンプルを取らねばならん！　泡でやつを攻撃するんだ！」

どこかの砂漠の使われていない映画館の下に隠されたアセオンの地下軍事基地では、超人ハルクが逃げだして、行く手にあるものを片っ端から破壊している。兵士たちはタルボットの命令にしたがう。配置につくと、ハルクにねばねばの泡を浴びせるのである。泡は膨張して、ハルクの身体についた瞬間に固まる。泡はそれまであらゆる兵器ができなかったことを成し遂げる。ハルクをその場で動けなくしたのである。ハルクは泡にむなしく抵抗し、うなり声をあげる。

「あばよ、怪物……」とグレン・タルボットはどなる。彼は携帯ミサイル発射器のようなものでハルクの胸を撃つ。これは失敗だった。ミサイルはハルクをいっそう怒らせる——実際、怒り心頭に発したハルクは、泡をぶち破る力を奮い起こし、破壊をつづけるのである。

この泡は、映画〈ハルク〉の脚本家たちが発明したものではない。ジョン・アリグザンダー大佐の発明である。ジム・ハート博士をスカウトして、〈ジェダイの戦士〉たちの脳波を調節させたのと同じ人物だ。アリグザンダー大佐は、ジム・チャノンの『第一地球大隊作戦マニュアル』を読んだ結果、ねばねばの泡を開発したのである。

一九七九年にフォート・ノックス基地にいた陸軍の指揮官たちは、ジム・チャノンの演説に魅了され、本物の第一地球大隊を創設して指揮をとる機会を彼に与えた。しかし、彼はそれをことわった。ジム・チャノンにはもっと大きな野心があった。彼には、壁を通り抜けたり、植物のオーラを感じ取ったり、小羊で敵の心をとろかしたりするのは、紙の上ではいい思いつきだが、かならずしも現実の世界で達成できる技能ではないとわかるだけの分別があったのである。

ジムの上官たちは想像力に欠けた人間たちだった（だからスタッブルバイン将軍は壁を通り抜けようと何度も頑固に試みたのである）が、ジム・チャノンの本当の構想にはもっと含みがあった。彼は仲間の兵士たちが不可能に挑戦することで、より高い精神レベルを見いだすことを望んでいたのだ。もし本物の第一地球大隊の指揮官を引き受けたら、上官たちは目に見える結果を彼に求めただろう。ジムの兵士たちが身体に悪影響をおよぼさずに心臓を止めるところを、わかるような形で見たがっただろう。そして、もし失敗したら、きっと部隊は廃止の屈辱を受け、それが存在したことさえ知るものは誰もいなくなるだろう。

それはジムが考えていたことではなかった。彼は自分の思いつきを外に広めて、運命の定めるところに根を張らせることを望んでいた。第一地球大隊は、誰かがマニュアルを読んでそれに感化され、その内容を自分が選んだやりかたで実行しようとすればいつでも現実のものになる。彼はマニュアルが陸軍の構造にうまく同化して、将来の兵士たちがその奇想天外な由来をなにも知らずとも、それに基づいて行動するようになるだろうと想像していた。そういったわけで、ねばねばの泡が現実の第一地球大隊の先駆的な武器となったのである。

泡にはつらい過去がある。一九九五年二月のソマリアで、国連の平和維持部隊が食料を配布しようとしていたとき、突然、群衆が暴徒化した。事態を鎮め、国連軍の退却を支援するために、アメリカ海兵隊が投入された。

「ねばねばの泡を使うんだ！」と海兵隊の指揮官は命じた。そして、海兵隊員たちはその言葉にしたがった。彼らは泡を群衆にではなく、その前に噴射した。泡が固まって、暴徒と食料のあいだに即席の壁ができるように。ソマリアの群衆は動きを止めて、ぶくぶく泡立ちながら広がって固まっていくカスタードのような物質を見つめ、それが固化するのを待ってから、それを乗り越え、暴動をつづけた。これはすべてテレビカメラの前で起きたのである。その夜、アメリカ中のニュース番組は、この映像と、映画〈ゴーストバスターズ〉のビル・マーレーがスライムに包まれる場面を流した。

（ソマリアにねばねばの泡を持ちこんだ一人であるシド・ヒール警視は、のちにわたしに、この事件を完全な大失敗とはとらえないようにと警告した。警視によれば、海兵隊員たちは暴徒が泡を乗り越える方法を考えるのに二十分はかかるだろうと思っていたという。しかし、実際には五分しかかからなかった。したがって、どう悪くいっても、あれは四分の三の大失敗であるというのである。しかし、泡が実戦で使われたのは、あれが最初で最後だった）

ソマリアの事件にもめげず、アメリカの行刑当局は一九九〇年代後半に、狂暴な収監者を移送前におとなしくさせるため、ねばねばの泡を刑務所に導入した。しかし、このやりかたはすぐさま廃止された。泡に包まれた囚人がいったん動けなくなってしまうと、監房から動かすことができなかったからである。囚人たちはその場にべったりとへばりついてしまうのだ。

しかし、いま泡は思いがけない復活を遂げている。二〇〇三年、壕につめられた泡が何本もイラクに運ばれた。アメリカ軍が大量破壊兵器を見つけたら、ねばねばの泡をその上に噴射しようという発想である。しかし、大量破壊兵器は結局見つからず、泡が壕から出ることはなかった。

ジム・チャノンの思いつきのなかでいちばん収穫があったのは、軍関係者と科学者が、馬鹿馬鹿しいとか頭がおかしいなどと思われることを恐れず、想像力のもっとも奇抜な端まで旅をして、新種の兵器を追い求めるべきだと主張した部分である。巧妙かつ心優しく、殺傷力を持たない武器を。

泡は、漏洩した二〇〇二年のアメリカ空軍報告書『非殺傷性兵器――用語集と参考文献』のなかで言及されている無数の発明の一つである。この報告書はこの分野における最新の試みを幅広く詳述している。衝撃波投射装置や〈カードラー・ユニット〉、超低周波の不可聴音といった数多くの音響兵器がある。漏洩した報告書によれば、超低周波の不可聴音は、「大半の建物や車輛をやすやすと貫通でき」、「吐き気や下痢、見当識障害、嘔吐、潜在的内臓障害、もしくは死」をもたらすという（ジム・チャノンの後継者たちは、〝非殺傷性〟という言葉の定義について彼よりもおおらかなようだ）。それから、人種限定悪臭弾やカメレオン迷彩スーツといったものもある。そのどちらもまだ開発に着手されていない。誰もどうやって開発すればいいのかわからないからだ。

「標的となる相手に印をつけて、あとから蜂を放って攻撃させるのに使用できる」特殊なフェロモンもある。「触れた人間を誰でも飛び上がらせる」電気手袋と電気警察ジャケット、網発射銃といったものもある。電気網発射銃は網発射銃と同じだが、「標的がもがいて逃げようとしたら電気ショックを与える」ようになっている。あらゆる種類のホログラムもある。たとえば〈死のホログラム〉――「標的となる相手をおびえさせて死にいたらしめるために使われる。たとえば、ある心臓の悪い麻薬王が、死んだ商売敵の幽霊がベッド脇に現われたのを見て、恐怖のあまり死にいたる」――や、「敵の首都の公共通信手段を奪い、それを大規模な心理作戦で逆に利用しているとき、その上空に古代の神の像を投影する」という〈予言者のホログラム〉などだ。

第一地球大隊のジョン・アリグザンダー大佐は、この報告書の共同執筆者に名をつらねている。彼はラスヴェガス郊外の、仏教美術やアボリジニ美術や軍の勲章類などがいっぱいにつまった大きな家に住んでいる。わたしは、ユリ・ゲラーが書いた本が何冊も本棚にならんでいることにも気づいた。

「ユリ・ゲラーとお知り合いですか?」とわたしはたずねた。

「ああ、そうだよ」と彼は答えた。「親友同士だ。われわれはよく、いっしょに金属曲げパーティを開いたものさ」

アリグザンダー大佐は国防総省とCIAとロスアラモス研究所とNATOの特別顧問を務めている。アル・ゴア元副大統領のもっとも古い友だちの一人でもある。彼はアメリカ軍から完全に退いたわけではない。わたしと会ってから一週間後、彼は〝特別顧問〟を務めるために四カ月間アフガニスタンへ飛んだ。わたしが誰になにを助言するのかとたずねると、彼は教えてくれようとはしなかった。

そのかわりに彼は、午後のほとんどを第一地球大隊の回想についやした。彼と仲間の大佐連中がジム・チャノンの『第一地球大隊作戦マニュアル』を読んだあと基地で演じた深夜の秘密の儀式をふりかえったとき、大佐の顔は大きな笑みにくずれた。

「大きな焚火だよ!」と彼はいった。「そして、連中は頭に蛇を巻いていたんだ!」

彼は笑い声をあげた。

「ロンのことを聞いたことがありますか?」とわたしはたずねた。

「ロンだって？」とアリグザンダー大佐はいった。

「ユリ・ゲラーを現役に復帰させたロンです」

アリグザンダー大佐は黙りこんだ。わたしは彼の答えを待った。三十秒ほどして、わたしはべつな質問をしないかぎり彼がもう一言もしゃべらないつもりであることに気づいた。そこで、わたしはつぎの質問をぶつけた。

「では、マイクル・エイチャニスは本当に見つめるだけで山羊を殺したんですか？」

「マイクル・エイチャニスだって？」と大佐はいった。彼は困惑した顔をしていた。「きみがいっているのは、ガイ・サーヴェリのことだと思うが」

「ガイ・サーヴェリ？」

「ああ、そうだ」と大佐はいった。「山羊を殺した男なら、まちがいなくガイ・サーヴェリだよ」

4　山羊の心臓部へ

〈サーヴェリ・ダンス&武術スタジオ〉は、オハイオ州クリーヴランドの郊外に建っている。〈レッド・ロブスター〉や〈TGIフライデーズ〉、〈バーガーキング〉、〈テキサコ〉のサービスステーションから角をまがったところだ。ドアの看板は、「バレエ、タップ、ジャズ、ヒップホップ、エアロビクス、ポワーント、キックボクシング、護身術」のレッスンを受けられると謳っている。

わたしは数週間前にガイ・サーヴェリに電話をかけていた。わたしは自分の身元をあかし、〈山羊実験室〉のなかで彼がやった仕事を話してくれないかとたずねた。アリグザンダー大佐によると、ガイは民間人だった。軍と契約していたわけではない。したがって、彼なら話してくれるかもしれないという気がした。しかし、そのかわりに、とてつもなく長い沈黙があった。

「あんたは何者だ?」彼はやっとたずねた。

わたしはもう一度説明した。すると、悲しげな深いため息が聞こえてきた。それは、「勘弁してくれよ、ジャーナリストなんて冗談じゃない」という意味合い以上のものだった。むしろ逃げられない運命の不公平な力に抗議の叫びをあげているというのに近く聞こえた。

「ご都合の悪いときに電話を差し上げましたか?」とわたしはたずねた。

「いいや」

「では、あなたはたしかに〈山羊実験室〉にいらしたんですか?」とわたしはたずねた。

「そうだ」彼はまたため息をついた。「そして、そうだ、わたしはたしかにあそこにいたとき山羊を殺した」

「もうそのテクニックを実践できませんよね?」とわたしは聞いてみた。

「いや、できる」と彼は答えた。

ガイはまた黙りこんだ。やがて、彼はいった——その声は憂いを帯びて、悲しげだった——「先週、わたしは飼っていたハムスターを殺したよ」

「見つめただけで?」とわたしはたずねた。

「そのとおり」と彼は認めた。

ガイはじかに会ってみるともう少しくつろいでいたが、それもほんの少しだけだった。われわれは彼のダンススタジオの玄関広間で会った。ガイにはすでに孫がいたが、いまだにそわそわして活力に満ちあふれ、まるで取りつかれているように部屋中を動きまわった。彼は何人かの子供と孫に囲まれ、五、六人の拳道の生徒たちがスタジオの端に心配そうに立っていた。なにかが起きている、それはたしかだったが、わたしにはそれがなにかわからなかった。

「では、あなたは飼っていたハムスターにそれをやったんですね?」わたしはガイにたずねた。

「えっ?」と彼はいった。

「ハムスターですよ」わたしは突然自信がなくなった。

「そうだ」と彼は答えた。「あれは……」当惑の表情が顔をよぎった。「わたしがあれをやると、ハムスターが死ぬ」

「本当ですか？」とわたしはたずねた。

「ハムスターを見ていると気が変になりそうになる」とガイはいった。彼はかなり早口でしゃべりはじめた。「ひたすらぐるぐる回っているんだからな。わたしはぐるぐる回るのをやめさせたかった。そこで思ったんだ。あいつの気分を悪くして、かんな屑かなにかの下にもぐりこませてやろうってな」

「しかし、そのかわりに、殺してしまったと？」

「テープに撮ってあるんだ！」とガイはいった。「録画した。テープを見るといい」彼は言葉を切った。「わたしは毎晩、ある男にハムスターの世話をさせていた」

「どういうことです？」

「餌をやったり、水を与えたりするのさ」

「では、あなたはハムスターが健康だと知っていた」

「そうだ」とガイはいった。

「そこで、あなたは見つめはじめた」

「三日間な」ガイはため息をついた。

「よっぽどハムスターが嫌いだったんですね」

「わたしがハムスターにあれをやりたいわけじゃないんだ」ガイは説明した。「しかし、たぶんきみがもし達人だったら、その種のことができないといけないんだ。人生はパンチとキックでおしまいか？　それとも、それ以上のものがあるのか？」

ガイは自分の車に飛び乗ると、ハムスターが死にはじめるところを撮影したホームビデオを探しにいった。彼が出かけているあいだに、彼の子供のブラッドリーとジュリエットがビデオカメラを据えつけて、わたしを写しはじめた。

「なぜそんなことをしているんですか？」わたしは二人にたずねた。

沈黙があった。

「お父さんに聞いて」とジュリエットがいった。

ガイは一時間後に戻ってきた。ビデオテープ二本といっしょに、書類の束と写真を持っている。

「ああ、ブラッドリーがカメラを据えているんだね」と彼はいった。「気にしないでくれ！　われわれはなんでもフィルムにおさめているんだ。かまわないだろう？」

ガイはビデオテープをレコーダーに入れ、わたしは彼といっしょに画面を見つめた。ビデオには籠に入った二匹のハムスターが映っていた。ガイの説明によれば、彼は一匹を見つめて気分を悪くさせ、はっきりと目に見えるぐらい籠の車輪におびえるようにさせようと試みていたという。もう一匹のほうは対照実験のために、ずっとガイに見つめられないことになっていた。二十分が経過した。

「ハムスターのことは知りませんがね」とわたしはいった。「なので、わたしは――」

「ブラッドリー！」とガイが言葉をさえぎった。「おまえはハムスターを飼ったことがあるか？」

「あるよ」とブラッドリーは答えた。

「こんなことをするハムスターを前に見たことがあるか？」

ブラッドリーは部屋に入ってきて、ちょっとビデオを見つめた。

「一度もない」と彼はいった。

「あれが車輪を見つめる様子を見たまえ！」とガイはいった。

対象となったハムスターはたしかに、突然車輪に疑いを抱いたようだった。籠の向こう端に座って、車輪を用心深く見つめている。

「いつもならあのハムスターは車輪が大好きなんだ」とガイが説明した。

「たしかに妙な感じがしますね」とわたしはいった。「もっとも、慎重さとか用心深さといった感情は、ハムスターにはそう簡単に認められないということは、いっておかなければなりませんが」

「ああ、そのとおりだ」とガイはいった。

「ハムスターを飼っている人間のなかに、この意味がわかる人がいるでしょう」

「なるほど」とガイはいった。「だったら、その連中はこれがどんなにめずらしいことかわかるだろう。きみのいうハムスター愛好家たちは、それを知っているさ」

「ハムスターを飼っているわたしの読者たちなら」とわたしが認めた。「これが常軌を逸した行動なのかどうかわかるでしょうね……あ、倒れた！」

ハムスターが倒れていた。脚を宙につき立てている。

「わたしはやりたかった仕事をやり遂げたんだ」とガイはいった。「見たまえ！　もう一匹がその上を乗り越えていった！　もう一匹のハムスターに乗っかっている！　こいつは奇怪だ！

ちょっとおかしいと思わないか？　ぜんぜん動いていない！　わたしはまさにあそこで自分の仕事をやり遂げたんだ」

もう一匹のハムスターが倒れた。

「あなたはハムスターを両方とも殺した！」とわたしはいった。

「いや、もう一匹は倒れただけだ」とガイは説明した。

「なるほど」とわたしはいった。

沈黙があった。

「もう死んだのですか？」とわたしはたずねた。

「じきにもっと奇怪なことが起きる」とガイはいった。彼は質問をはぐらかしているように思えた。「ほら！　今度はもっと奇妙なことが！」

ハムスターは動かなかった。そして、そのぴくりともしない状態のままで十五分間、横たわっていた。それから身震いをすると、また餌を食べはじめた。

そして、ここでテープが終わった。

「ガイ」とわたしはいった。「これをどう考えればいいのか、わたしにはわかりませんね。ハムスターはたしかに、対照実験用のハムスターにくらべると異常な行動をしていたように思えます。しかし、その一方で、あのハムスターはまちがいなく死んではいなかった。あなたはハムスターの死ぬところを見せるといったと思いますが」

短い沈黙があった。

「女房がだめだといったんだよ」と彼は説明した。「家に戻ったら、女房がいったんだ。『その男が、なんでも大げさに同情したがるリベラル派なのかどうか、あなたは知らないんでしょう。ハムスターが死ぬところなんか見せちゃだめ。あれを見せないで。かわりに、ハムスターが奇怪な動きをするテープを見せなさい』とな」

ガイによればわたしが見たものは二日間つづけて見つめた結果の山場を編集したものだという。ハムスターが死んだのは三日目だ、とガイはいった。

「わたしは幽霊なんだ」とガイはいった。

わたしたちは彼のダンススタジオの玄関広間にいて、掲示板の下に立っていた。掲示板はサーヴェリ家の成功の記念品で埋めつくされている。ガイの娘のジェニファー・サーヴェリは、映画〈シカゴ〉でリチャード・ギアといっしょに踊った。彼女は第七十五回アカデミー賞の授賞式でも踊った。しかし、壁にはガイに関するものはほとんどなかった——新聞の切り抜きか、そういったたぐいのものは何一つ。

「もしアリグザンダー大佐がわたしの名前を教えなかったら、きみがわたしについて知ることはなかっただろう」と彼はいった。

そのとおりだった。わたしがガイについて新聞で見つけだせたのは、地元の大会で彼の教え子が受けた賞に関する《クリーヴランド・プレイン・ディーラー》紙の半端なお知らせだけだった。彼の人生のこちらの側面は、まったく記録に残っていなかった。

ガイは書類と写真をぱらぱらとめくった。

「ほら！」と彼はいった。「これを見たまえ！」

彼はわたしに図を手渡した。

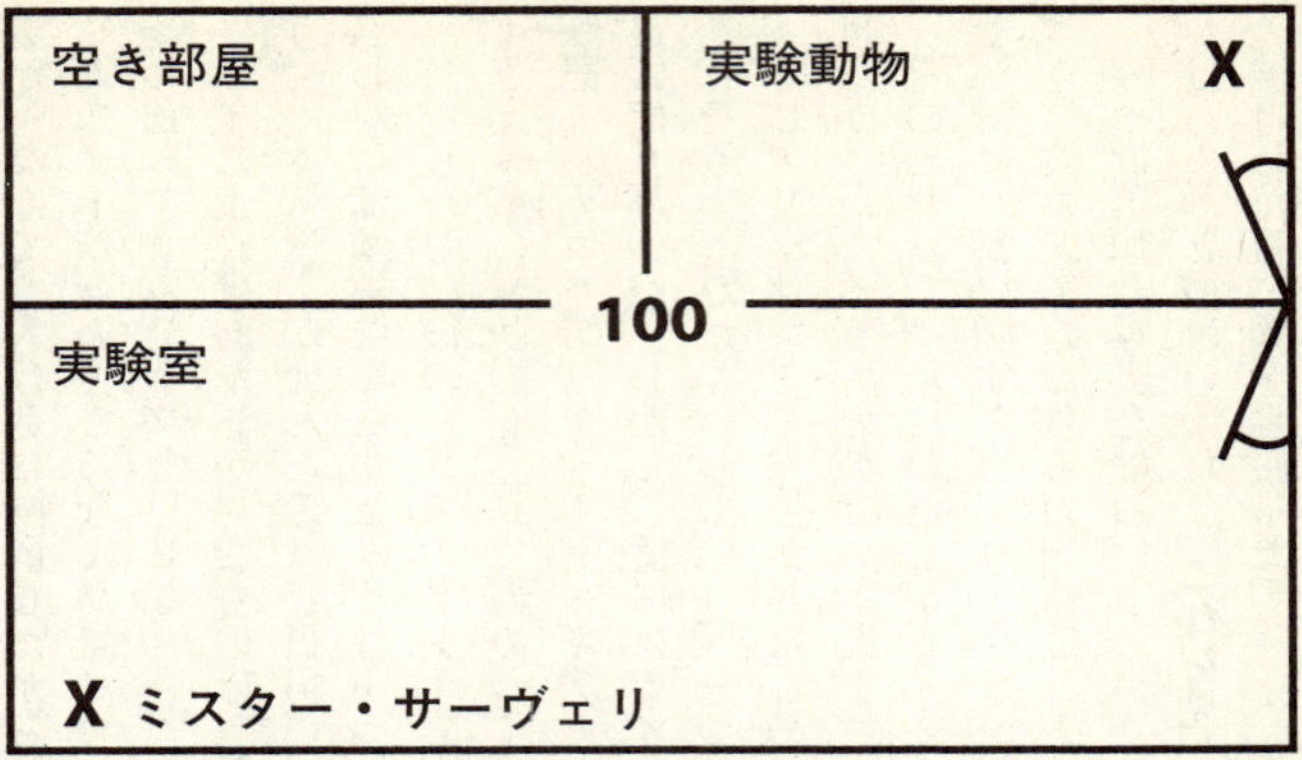

「ガイ、これは〈山羊実験室〉ですか?」

「そうだ」とガイはいった。

ブラッドリーは〈山羊実験室〉の図をしげしげと見るわたしを無言で撮影していた。

そのとき、ガイが書類と写真を落とした。それは床一面にちらばった。わたしたちは二人してかがんで、それを拾い上げた。

「おっと」とガイはつぶやいた。「これはきみに見せるはずじゃなかった」

わたしはすばやく目を走らせた。ガイがなにかの書類のあいだにそれを隠す直前に、わたしは自分が見るはずではなかったものをちらりと目にした。

「驚いたな」とわたしはいった。

「そのとおり」とガイ。

それは柵のそばの霜が降りた大地にしゃがむ一人の兵士のぼやけたスナップ写真だった。写真はその兵士が空手チョップで山羊を殺すところをとらえているようだった。

「信じられない」

「本当にきみに見せるはずじゃなかったんだ」とガイはいった。

ガイの物語は、一九八三年の夏にいきなりかかってきた電話からはじまる。

「ミスター・サーヴェリですか？」と電話の主はいった。「わたしは特殊部隊の者です」

それがアリグザンダー大佐だった。

ガイは軍人ではなかった。なぜ彼に電話をかけてきたのか？　大佐の説明によれば、最後の武術の教官マイクル・エイチャニスが一九七八年にニカラグアで死んで以来、特殊部隊では基本的にその種のテクニックをフォート・ブラッグ基地の訓練プログラムに取り入れるのを中止してきたが、彼らはもう一度やってみる気になったのだという。彼を選んだのは、彼が稽古している武術の分野――拳道――に独特の神秘的な一面があるからだと、大佐は説明した。ガイは生徒たちにこう教えていた。「心と身体と精神の完璧な統合によってのみ、人は無傷で窮地を切り抜けることを期待できる。われわれの狙いは、この統合された武術を教え、普通は子供向けのおとぎ話に出てくるような、並はずれた超常的な結果を得る方法を他者にしめすことにある」

大佐はガイに、一週間ほどフォート・ブラッグ基地にきて様子を見ることはできないか、とたずねた。マイクル・エイチャニスの後釜に座ることはできないか？　ガイは、やってみようと答えた。

初日にガイは兵士たちに素手でコンクリートの板を割る方法や、首筋を太い鉄棒で強打されて耐える方法、人にこれからいおうとしていることを忘れさせる方法を教えた。

「これからいおうとしていることをどうやって忘れさせるんですか？」とわたしはガイにたず

ねた。

「簡単さ。こうするだけでいい――」ガイは首をすくめて叫んだ。「やめろおー!」

「本当に?」とわたしはたずねた。

「たとえばビリヤードをやっていて、自分がミスショットをしたとき、相手にミスショットをしてもらいたくて、『やめろおー!』といったとするね? すると、本当に相手はミスショットをするんだ! それと同じことさ」

「すべては声の調子にあるんですか?」とわたしはたずねた。

「それを頭のなかでいうんだ」ガイはいらだっていった。「すると自分のなかにあの感じをおぼえる」

そんなわけで、初日の晩、特殊部隊は自分たちが山羊を飼っているとガイに漏らしたのである。ガイはそのとき誰が会話の舵取りをしたのか思いだせないといったが、晩のある時点で、「そこで翌朝、連中は山羊を一匹つれてきて立たせ、そしてわれわれは取りかかったんだ」

「じゃあ、やってみよう」と宣言したことはおぼえていた。

ガイがこの話を物語るあいだ、ダンススタジオのなかの空気はなにやら心配げなままだった。ブラッドリーはわたしを撮影しつづけた。ときおり、休日や天候について世間話をすると、わたしにはサーヴェリ家がどんなに愛すべき一家なのかがわかった――強く、賢くて、堅く団結した一家だ。しかし、山羊の話題に戻るときまって、空気はたちまち張りつめた。

ガイが見つめた山羊は、泣き声を奪われても、脚を撃たれてもいなかった。ガイは普通の健康な山羊がほしいといったので、特殊部隊員はそれを差しだしたのである。山羊は、ビデオカメラを持った一人の兵士しかいない、小さな部屋に引き入れられた。ガイは別の部屋の床にひざまずいた。

　すると、彼は自分のなかにあの感じをおぼえはじめたのだという。

「わたしは空へとつづく黄金の道を思い浮かべた」と彼はいった。「すると神がそこにいて、わたしは神の腕のなかに飛びこんだ。すると、ぞくっとして、わたしはそれが正しかったことを知った。わたしはあの山羊を倒す方法を見つけだしたかった。剣を持った大天使、聖ミカエルの例の絵があるね。そこで、わたしはそのことを考えた。聖ミカエルがその剣で……」

　ガイは聖ミカエルが剣を荒々しく山羊に突き立てるしぐさを真似した。

「……山羊を突き刺し……」

　ガイは両手を打ち合わせた。

「……地面に倒れさせるところを思い浮かべた。自分のなかでわたしは息をすることもできなかった。わたしは意識を失いかけていた……」

　ガイは息をしようとしてもがく真似をした。

「……そして、いいかい、信じてくれ」と彼はいった。「わたしの話を信じるんだ。そして十五分後、わたしはこういったんだ。『レニー、いって見てきたほうがいいぞ。はっきりしたことはいえないが』」

　特殊部隊のレニーは山羊がいる部屋に姿を消した。彼は戻ってくると、驚いた顔でおごそかにこう宣言した。「山羊が倒れている」

「すると、やったんですね？」とわたしはたずねた。

「やったんだ」とガイは答えた。「山羊はしばらくそこに横たわっていた。そして、それからまた立ち上がった」

「それで話はおしまいですか？」

「いいや」とガイは悲しげにいった。「そうだったらよかったのにと思うよ。しかし、翌日、彼らはもう一度わたしにあれをやってもらいたがった。しかし、今回は山羊を殺してもらいたがったんだ。連中は『山羊を殺せ！』といった」

彼は黙りこんだ。まるで、「わたしがどういう状況に対処しなければならなかったかわかるかね？」といっているかのように。

「なぜ山羊を殺すんです？」とわたしはたずねた。

「軍人ってやつは」とガイはため息をついた。「連中は人がなんでもできると思ったんだろう……」

「なるほど」

そこで、三日目に新しい実験が準備された。ガイは特殊部隊員たちに、山羊を三十四集めるようにいった。

「山羊を三十四だ」と彼はいった。「それに番号を振るんだ。わたしが番号を一つ選ぶ。その山羊を殺そう」

今回、特殊部隊員たちは〈山羊実験室〉の外周に武装した衛兵を配置した。前日にはそうした警備はなかった。たぶん、本当に山羊が倒れるとは思っていなかったからだろう。しかし、今回ははるかに厳粛なムードだった、とガイはわたしに語った。三十四の山羊は、全部背中に番号をくりつけられて、なかに追いこまれた。ガイは無作為に十六番を選ぶと、取りかかった。

しかし、ガイの話によると、今回、彼はまったく集中できなかったという。自分が神の腕に飛びこむところを想像するたびに、彼の瞑想は、「山羊を殺せ！」と叫ぶ特殊部隊員の記憶によって中断された。大天使の聖ミカエルを思い浮かべるところまではいったが、剣を突き立てようとしたとたんに、またしても「山羊を殺せ！」という叫びがガイと山羊とをつなぐ心霊的なチャンネルをさえぎった。

「わたしはすっかりうんざりしてしまった」ガイはいった。「それはともかく、レニーがとなりの部屋をのぞきにいくと、十七番が死んでいるのがわかった」

「巻きぞえというやつですか？」とわたしはたずねた。

「そのとおり」とガイはいった。

そして、ここで自分の話はおわりだ、と彼はいった。

ただし、最後に一つ話が残っていた。ガイによれば、それから十年後、三人の特殊部隊員がフォート・ブラッグ基地からひそかにクリーヴランドにやってきたのだという。ガイがかつて基地で山羊をにらみ殺すことに成功したと口伝えに聞いたのである。彼らは噂が本当かどうか知りたかった。自分の目でたしかめたかった。彼らはガイに山羊を殺してみせてもらいたかった。

しかし、ガイはことわった。すでに一生分の山羊を殺していたからだ。彼は因果応報《カルマ》の暗い力がわが身に降りかかってきつつあるのを感じていた。そこで彼は妥協案を申しでた。自力でそれをやる方法を兵士たちに教えるというのである。そこで、特殊部隊員たちは地元の獣医の診療所でガイと会う手筈をととのえた。獣医は山羊と心電計を用意することを約束していた。

「獣医をこの件に引き込んだんですか？」わたしはびっくりしてたずねた。

「ああ、その男はわたしの友だちだった」とガイはいった。

「そして、彼は山羊を用意したんですか？」

「ああ」

「ヒポクラテスの誓いはどうしたんです？」とわたしはたずねた。

「なんだって？」ガイはちょっと不機嫌そうにいった。

「兵士がにらみ殺そうとするために、民間の獣医が健康な山羊を提供すると聞いて、ちょっと驚いているんですよ」

しかし、ガイは肩をすくめて、自分の言葉を額面どおり受け取る必要はないというと、ビデオレコーダーにカセットを入れて、再生ボタンを押した。

そして、わたしはそれが事実であることを知った。奇妙な活人画がまたたきながら画面に現われた。山羊殺し映画のオープニングシーンである。山羊が心電計につながれている。獣医の姿はどこにも見えないが、場所はあきらかに獣医の診療所で、壁には免状がかかり、さまざまな動物医療関係の器具がそこらじゅうにちらばっている。戦闘服姿の兵士が二人、プラスチックの椅子に座ってメモを取っている。山羊がめえと鳴いた。兵士たちはメモを取りつづけた。山羊がまた鳴いた。心電計が電子音をたてる。兵士たちはさらにメモを取った。ガイがわたしの脇腹をつついた。

「どうだね！」と彼はいった。「おやおや！」彼はふくみ笑いをした。「これはまだいちばんいい場面でさえないんだ」

「誰かが山羊を見つめているんですか？」とわたしはたずねた。

「ああ」と彼は答えた。「あの男だ」

「どっちです？　あっちですか、それともこっちですか？」

「どちらでもない」とガイはいった。「あの男だ」

ガイは画面の隅のわたしが気づいていなかったものを指差した――カメラのすぐ外にいる第三の男の靴を。

山羊の鳴き声と電子音とメモ取りがさらに十分間、ビデオの画面でつづいた。

「山羊の側になんらかの肉体的反応が現われるんですか？」わたしはガイにたずねた。

「いまそれが起きているんだ！」とガイはいった。「機械を見たまえ。心搏数は六十台のなかばだった。それがいまは五十五まで落ちている」

「おお」とわたしはいった。

ビデオは終わった。ガイはテレビを消した。彼はわたしのがっかりした口調にちょっといらだっているようだった。

「ちょっとこのことを疑いなくはっきりさせてください」とわたしはいった。「わたしが見たものはレベル1だった」

「そのとおり」とガイはいった。「山羊は画面の外にいた男の生命の躍動に結びつけられていた」

「そして、それをさらにレベル2まで進めれば、山羊は死ぬか、倒れるか、ひっくりかえるか、のたうちまわるかする」

「そのとおりだ」とガイはいった。

「じゃあ、ハムスターはレベル2だったんですね？」

「そうだ」

「そして、それよりさらに先へ進むと、山羊やハムスターは死ぬ」

「そうだ」ガイは言葉を切った。「しかし、レベル1ですらハイレベルなんだ！　わかるかい！　レベル1はハイレベルなんだよ！」

「レベル1を受けると怪我をしますか？」

「いいや」とガイは答えた。

「ガイ」わたしは無謀にもいった。「わたしを動けなくしてくれますか？」

沈黙があった。

「今回はだめだ」とガイはおだやかにいった。「きみがまたここにきたら、やってあげよう。今回は女房がだめといったんだ。『あなたはその人を知らないでしょう』っていうのさ。たしかにそのとおりだ。女房は、今回はなにもするな、というんだ。女房にいわせると、わたしは誰でも人を信用しすぎるんだそうだ。たしかにそうだ。そのとおりなんだよ」

サーヴェリ家との一日はこれで終わり、わたしは彼らに礼をいって帰り支度をした。そのとき、ガイがわたしの肩を叩いていった。「きみが知っておいたほうがいいことがある」

「ほほう？」とわたしはいった。

そして、彼はあることを教えてくれた。

すると、すべての意味がわかった——わたしがはじめてガイに電話をかけたとき耳にした深いため息や、わたしが凍った大地で空手チョップを浴びて死ぬ山羊のスナップ写真を見たとき全員の顔に浮かんだ恐怖、ブラッドリーがずっとわたしを撮影しつづけていたことの意味が。ガイはすべてをわたしに物語り、彼が説明をおえたとき、わたしはいった。「驚いたな」

ガイはうなずいた。

「とても信じられない」とわたしはいった。「本当ですか？」

「本当だ」とガイ。

「まさか、そんなことが」とわたしはいった。

5　国土安全保障省

アルバート・スタッブルバイン三世少将がヴァージニア州アーリントンの執務室の壁を通り抜けそこねた出来事の六年前には、この執務室は存在しなかった。ＩＮＳＣＯＭ――アメリカ陸軍の情報保全コマンド――は存在しなかったのである。軍情報部隊が全世界にでたらめに散らばっていたにすぎない。スタッブルバイン時代以前にパナマで第四百七十対敵諜報活動隊分遣隊に勤務した作家のリチャード・コスターによれば、まさに混沌状態だった。

「一九五〇年代後半には、指揮官から指揮官へ、必死の電話攻勢があったものだよ」スタッブルバイン以前の軍情報部隊の日常についてわたしが電話でたずねたとき、コスターはそういった。『こちらは軍情報部隊を大幅に拡充する必要がある。これこれの人数の将校を放出してもらいたい。大佐一名と少佐三名、大尉六名、中尉十五名をただちに軍情報部隊に配置替えしてもらいたい』といった具合にね。それで、そういう電話を受けたら、どうするか？　こう心のなかでつぶやくんだ。『いいさ！　だったら、うちの役立たずや能無しどもを全部くれてやろう』そして、そのとおりにする。軍情報部隊にいくのはそういった連中だ。おおむね世界中でね」

「スタッブルバイン将軍以前のパナマはどんな様子でしたか？」とわたしはたずねた。

「組織がしっかりして、効率よく動いているとはとてもいえなかったな」と彼はいった。「ある年、パナマ・シティーで暴動が起きたんだ。うちの大佐がわたしのところへ駆けつけてきて、『暴動はどこだ？』とたずねた。わたしは『〈立法パレス〉の真正面です』と答えた。大佐が『それはどこだ？』と聞くので、わたしは『〈ティヴォリ・ホテル〉へいってください。そこのバルコニーから見えますから』といった。すると、大佐はまるでわたしがアインシュタインみたいな目で見るんだ……というのも、わたしが知識を持っていたからさ」

一九七〇年代後半に、ウィリアム・ロイラという准将が、この混乱状態を収拾する仕事を与えられた。彼の役目は、陸軍のためにCIAのような組織を作り上げることにあった。それがINSCOMと呼ばれるようになる。そして、一九八一年、スタッブルバイン将軍が、その司令官に任命される。ジム・チャノンの『第一地球大隊作戦マニュアル』に深く感動し、超大国アメリカは実際に超能力を持つ人間たちによって守られる必要があるという確信に満ち満ちた司令官の誕生である。

スタッブルバインはウエストポイント陸軍士官学校の卒業生で、コロンビア大学で化学工学の修士号を受けている。彼はアリゾナ州にある陸軍の情報学校に配属されているとき、第一地球大隊のことを耳にした。彼の注意を最初にそれに向けたのは、彼の友人であり部下でもある、ねばねばの泡の発明者ジョン・アリグザンダー大佐だった。

司令官となったスタッブルバイン将軍は、一万六千の将兵を新しい軍隊に変える決意を固めていた。精神力で金属を曲げたり、物体を通り抜けたりできる兵士たちの軍隊に。兵士たちはその結果として、ベトナムのような、戦争の混沌としたトラウマを二度とふたたび体験しなくてもすむ。誰がそんな軍隊にちょっかいを出したがるだろうか？

さらに、スタッブルバインの軍情報部隊司令官としての在任期間は、予算に大鉈がふるわれた時期と一致していた。ベトナム後の予算削減の時期で、国防総省は兵士たちに少ない資金でより多くのことを達成するよう求めていた。壁を通り抜けることは、野心的だが金のかからない試みだった。

こうして、戦闘後の鬱状態に触発されたジム・チャノンの無鉄砲な構想が、アメリカ軍の最上層部に入りこんだのである。

それから二十年後、スタッブルバイン将軍はニューヨーク州北部の〈タリータウン・ヒルトン・ホテル〉四〇三号室で、執務室の壁を通り抜けるのに失敗した話を終えると、窓の外をながめた。

「雲だ」と彼はいった。

わたしたち三人――将軍と彼の二人目の妻リーマとわたし――は、椅子から立ち上がった。

「まいったな、ジョン。どうしよう」と将軍はいった。「あんなに大きなのはやったことがない」

わたしたちは一日中、適当な種類の雲が流れてくるのを待っていた。正確には、積雲を。彼が見つめただけでそれを消せることをわたしに見せるためである。自分が持っているパワーのなかで、これがいちばん簡単に実演できるのだ、と将軍はいった。

「誰にでもわかるし、誰にでもできるんだよ」と彼はわたしに断言していた。

「ちょうど峡谷のところ、松の木がある場所のずっと上空の雲よ」とリーマがいった。「あれをやって」

「やってみよう」と将軍はいった。

彼はじっと立ちつくし、空を見上げはじめた。

「あそこのあの雲を消そうとしているんですか？」とわたしはたずねた。「ちょっと遠すぎませんか？」

スタッブルバイン将軍は馬鹿を見るような目でわたしを見た。

「雲はみんな遠いんだよ」と彼はいった。

「あそこよ！」とリーマがいった。

わたしは空をきょろきょろと見まわして、将軍がどの雲を消そうとしているのかを見つけだそうとした。

「消えたわ！」とリーマがいった。

「雲はどうやら消えたようだ」と将軍も認めた。

わたしたちはまた椅子に腰を下ろした。すると、将軍は確信が持てないといった。雲はとても速く動いているので、自分の力でそれを消したと一〇〇パーセント結論づけることはできないというのである。たんなる気象のせいだったのかもしれない。

「誰がなにを誰にしているのか断言するのはむずかしいんだ」と彼はいった。

長い車の旅ではときどきリーマがハンドルを握り、自分が雲を消すことがある、と将軍はいった。青空にふわふわの雲が一つぽっかりと浮かんでいるだけなら、疑いが入りこむ余地はない。彼が見つめれば雲は消える。しかし、これはそうした場面ではなかった。

軍情報部隊司令官となって二年目に入った一九八三年には、疑う余地のない奇跡を追い求めるスタッブルバイン将軍の挑戦は切迫したものになった。彼には国防総省の上官たちを満足させるなにかが、しかもすぐに必要だった。彼の仕事が危うくなっていたからである。

スタッブルバイン将軍は、自分がどうしても壁を通り抜けられないことに困惑していた。自分にそれができないなんて、どこがいけないのだろう？　もしかすると、未決書類入れに書類がたくさんありすぎて、必要なレベルの精神集中ができないだけかもしれない。なによりも、マヌエル・ノリエガ将軍がパナマで彼を大いに悩ませていた。ノリエガは、一九七〇年代にジョージ・ブッシュＣＩＡ長官が彼のスカウトを許可して以来ずっとアメリカ情報機関に雇われてきたが、いまや手に負えなくなっていた。

ＣＩＡでスタッブルバイン将軍と同等の役職にある連中は、パナマに作られた秘密の滑走路のネットワークを使って、ニカラグアの反政府勢力コントラに武器を届けていた。飛行機は武器を運ぶと、アメリカへの帰路の燃料を補給するためにパナマへ戻る。ノリエガはこの機会を悪用して、飛行機にコカインをいっぱいに積みこんだ。こうして、ＣＩＡはノリエガのコカイン密輸に巻きこまれたのである。この呉越同舟の関係は両者を疑心暗鬼にさせていて、スタッブルバイン将軍がパナマをおとずれた際には、ノリエガがホテルの部屋に盗聴器を仕掛けていたことが発覚してスタッブルバインを激怒させた。

この時点で二人の将軍――ノリエガとスタッブルバイン――の戦いは、超自然的なものになった。ノリエガは足首に黒いリボンを巻き、名前を書いた紙片を靴のなかに入れて、敵の呪文から自分の身を守るという手段に出た。ノリエガはたぶん、スタッブルバイン将軍が壁を通り抜けようとしていたまさにそのとき、〝スタッブルバイン〟と書いた紙をこっそり靴に入れてパナマ・シティーを歩きまわっていたのだろう。その種の常軌を逸した行為がまわりでおこなわれていたというのに、どうしてスタッブルバイン将軍が物体を通り抜けることに集中できただろうか？

スタッブルバイン将軍はノリエガに配下の超能力スパイをけしかけることで対抗した。それはフォート・ミード基地のチームで、例のメリーランド州の森の小道をいった先にある接収された羽目板張りの建物を仕事場にし、公式には存在していないためにコーヒーの予算がつかず、その事実に憤慨するようになった連中である。

超能力スパイたちは気が変にもなりかけていた。仕事場は閉所恐怖症を起こしそうなほど狭く、その多くはそもそもおたがいのことをたいして好いてもいなかった。エド・デイムズというある少佐などは、超能力を使った公式の軍の仕事があまりない暇なときに、ネス湖の怪物を超能力でスパイするようになった。彼はそれが恐竜の幽霊であると断定した。この発見はほかの何人かをいらだたせた。非科学的で、はっきりいえばありえないというのである。べつの超能力スパイ、デイヴィッド・モアハウスは、超能力スパイ活動のやりすぎですぐに精神病院に入院することになった。

彼らは建物の裏口のドアを開けることができなかった。ドアには鍵がかけられ、長年のあいだに、閉まったまま何十回もペンキを塗られていた。誰も鍵のありかを知らなかった。ある特別に暑い日、彼らは建物のなかで気を失いかけたため、ドアを蹴り開けて室内に風が通るようにすべきかどうかという話になった。

「むりだよ」とリン・ブキャナンはいった。「われわれは存在しないんだ。もしドアを蹴り開けたら、誰も直しにきてくれないだろう」

(この話をわたしにしてくれたのはリン・ブキャナン本人である。二〇〇三年の夏にラスヴェガスのホテルで会ったときのことだ)

「おれにまかせてくれ」と超能力スパイのジョー・マクモニーグルはいった。彼はふらりと姿を消すと、二十分後に、透視した行方不明の鍵の詳細なスケッチを持って戻ってきた。ジョー・マクモニーグルはそれから町へ車を走らせ、地元の錠前屋へいって、スケッチから鍵を作らせ、部隊に戻ると、それで裏口の鍵を開け、ペンキにさからってドアをこじ開けた。

「ああ、ジョーは優秀だよ」とリン・ブキャナンはいった。「ジョーはとても優秀なんだ」

わたしはその数カ月後、ジョー・マクモニーグルをたずねた。彼はいまヴァージニア州に住んでいる。わたしはリン・ブキャナンから聞いた鍵の話をした。リンがいったことを彼に話すと、彼はやや後ろめたそうに微笑んだ。

「じつは、その、わたしは錠前をこじ開けたんだよ」と彼は告白した。

彼の説明によれば、リンがあまりにも感心しているようだったのと、超能力スパイたちのたるんだ士気がこの出来事で大いに向上したせいで、彼にはドアが超能力とは関係ない方法で開けられたという事実を打ち明ける勇気が出なかったのだという。

フォート・ミード基地の労働環境があまりにもひどかったため、接収された壁のなかで陰謀理論がはびこりはじめた。彼らの置かれていた状況はこうだ。彼らはそれまでごく普通の兵士で、選抜されて、とびっきり秘密の軍の超能力エリートになる手ほどきを受けたが、そのエリートとやらの実態は実際には退屈きわまるものだった。その結果として、リン・ブキャナンと彼の同僚の一部は、きっとべつの秘密超能力部隊があるにちがいないと確信するにいたった。その部隊はもっと厳重な秘密のベールで隠され、たぶん彼らよりもずっと魅力的な仕事場を与えられているにちがいないと。

「わたしは自分たちが捕まるためにあそこにいるのだと考えるようになった」リンはラスヴェガスでわたしと会ったときにそう語った。

リンはおだやかな目をした素朴な風貌の男で、労働環境が劣悪だったにもかかわらず、自分がなつかしい部隊ですごした時期のことを人生最良の日々と考えていた。

「『捕まるためにあそこにいた』とは、どういう意味です？」とわたしは彼にたずねた。

「いいかね」とリンはいった。「もし《ナショナル・インクワイアラー》誌が部隊の噂を耳にしたら、陸軍はこう答えることができるんだ。『ええ、たしかに秘密の超能力部隊はあります。彼らがそうです』」

超能力者たちを見せしめにいたぶらせる——とリンはやや苦々しげに仮説を述べた——そうすれば、べつの超能力者たちは、それが何者にせよ、じゃまされずに、自分たちのもっと秘密の仕事をつづけられるというわけだ。

そのため、一九八三年の夏に、スタッブルバイン将軍がチームに対して、ノリエガがパナマ・シティーのどの屋敷のどの部屋に滞在していて、そこでなにを考えているのかを透視するように命じたとき、彼らはちょっとした気晴らしができることに小躍りして、すぐさま活動を開始した。

スタッブルバイン将軍はそれと同時に、超能力を持たないスパイたちに、ノリエガの屋敷から道をいったところにあるアパートを借りるよう命じた。タイミングがきわめて重要だった。フォート・ミード基地の超能力者たちが透視の結果を伝えるとすぐに、スタッブルバイン将軍はパナマの非超能力スパイに電話をかけ、壁を乗り越えて屋敷の内部に潜入し、ノリエガの部屋に盗聴器を仕掛けるよう命じた。運悪く、ノリエガの番犬二匹が隠密潜入作戦を嗅ぎつけ、非超能力スパイたちは壁を乗り越えて退散した。

ノリエガ将軍はこの襲撃に対抗して、大きな魔よけのお守りを首にかけ、近くの海岸まで車を飛ばした。そこで彼の専属魔法使いであるイバン・トリーヤというブラジル人が、アメリカの情報部員たちをふせぐために、きらびやかな十字架を立てた。

スタッブルバイン将軍には本国にも敵がいた。彼の上官であるアメリカ陸軍参謀総長ジョン・アダムズ・ウィッカム大将がそれで、大将は超常現象のファンではなかった。スタッブルバイン将軍は、ワシントンのホテルで高官を集めて開かれたブラックタイ着用のパーティで、タキシードのポケットから曲がったフォークを取りだして大将の気を引こうとしたが、ウィッカム大将はぞっとして飛びのいた。

ウィッカム大将が曲がったフォークについてそのような反応を示した理由は、『申命記』第十八章第十節と第十一節に見いだすことができる。

あなたのうちに自分の息子、娘に火のなかを通らせる者があってはならない。占いをする者……まじない師、呪術者、呪文を唱える者、霊媒をする者、口寄せ、死人にうかがいをたてる者があってはならない。

ウィッカム将軍は魔王がスタッブルバイン将軍の魂をなんらかの方法で乗っ取ったと信じていて、実際、同僚たちにもそういっていた。フォークを曲げたのはスタッブルバイン将軍ではなく、魔王なのだと。

ウィッカム将軍は、ジョージ・W・ブッシュをはじめとするのちの歴代ホワイトハウス政権で、ずっと尊敬を集めつづけている。コリン・パウエル元国務長官は自伝のなかで二度にわたって彼のことを「わたしの師」と呼んでいるし、二〇〇二年六月には〈大統領祈禱《プレジデンシャル・プレアー》チーム〉の一員としての活動に対して、ジョージ・W・ブッシュの〈アメリカン・インスピレーションズ賞〉を受賞した。〈大統領祈禱チーム〉とは三百万人のアメリカ人が参加する団体で、彼らは presidentialprayerteam.org に毎週ログインして、なにのために祈るのかを教えられるのである。例えば――

いまつづいているテロとの戦いの努力のために祈るのです。大統領とそのあらゆる情報源がアメリカを守るうえでもっとも有益な情報を得られるように。彼らが情報のあらゆる断片を扱うやりかたに神の叡知が得られるように祈るのです。アメリカに入国する外国人旅行者を審査する新しい指紋照合構想が効果を発揮するよう祈るのです。ミスター・ブッシュとミスター・ブレアの強力な関係のために祈るのです。大統領がイギリスとの討議でこれからも神のお導きを得られるように祈るのです。

などなど。スタッブルバイン将軍はウィッカム大将に、祈禱団体もスプーン曲げタイプの思いつきとたいして変わらないのではないかとほのめかしたかもしれない。どちらも精神のパワーを利用して、遠くから物事に影響をおよぼそうとする試みなのだと。しかし、この論法に関してスタッブルバイン将軍がどうしても打ち負かせない敵は、『申命記』第十八章第十節と第十一節だった。

こっけいなことに、ウィッカム大将は知らなかったが、実際にはスタッブルバイン将軍は陸軍情報保全コマンド司令官の任期中に、神の前で上記の忌まわしい事柄を一つ残らず実行していたのである。ただし、自分の息子または娘に火のなかを通らせることだけはべつだが。もっとも、彼自身は、自己修養の権威であるアンソニー・ロビンズの指導を受けて、ヴァージニア州の山中で火のなかを歩いたことがあったけれども。

ウィッカム大将が『申命記』を厳格に解釈するおかげで、スタッブルバイン将軍の地位は危うくなりつつあった。したがって、彼はすぐに明白な奇跡を起こす必要に迫られていた。アーリントンの自宅で深夜、空中浮揚しようという試みはうまくいかなかった。将軍はこの失敗もまた、どんどん増えつづける未決書類入れのせいにした。だからこそ、彼はついにフォート・ブラッグ基地に飛んで、見つめただけで動物の心臓を破裂させるように特殊部隊を説得しようとしたのである。もしそうした力を完成させる暇が自分になくても、もしかすると彼らがそれをやってくれるかもしれない。

スタッブルバイン将軍が総司令官のレーガン大統領と意気投合したかどうかは予測がむずか

しい。大統領は両方の陣営に共感していたようだ。彼の首席補佐官ドナルド・リーガンは回顧録のなかでこう書いている。「わたしがホワイトハウスの首席補佐官を務めているあいだにレーガン夫妻がとった大きな行動やくだした大きな決断は、事実上すべて、サンフランシスコにいるある女性から事前に承認を得たものだった。その女性は天宮図を作って、惑星がその企てや計画にとって好ましい配列にあるかどうかを確認していたのである」

この女性は、ジョーン・クイグリーという名前で、大統領が一九八七年に中距離核戦力全廃条約に署名すべき正確な時刻を決定した。ジョーン・クイグリーは現在、〝大統領専属占星術師ジョーン・クイグリー〟という、たぶん非公式であろう肩書きで通っている。

しかし、大統領は、聖書の原理に対する変わらぬ敬意を友人のウィッカム大将と共有していた。アーカンソー州とルイジアナ州が公立学校で創造説を教えるべしという法律を成立させたとき、大統領はこの決定を歓迎し、「敬虔なアメリカが目ざめつつある!」と宣言した。

わたしがウィッカム大将に電話をかけて、例のブラックタイ着用のパーティについて話してもらいたいとたのむと、大将はあのことならよくおぼえていると答えた。〈クオーターズ・ワン〉という場所で開かれた大がかりなディナーの席上だった。たしかに自分は飛びのいた、と彼はいった。キリスト教徒なら、超自然的存在が生きていて、ときどきぞっとするやりかたで現われることを受け入れなければならないからである。しかし、スタッブルバイン将軍は概して「善良な人物の一人」だった。

「わたしはじつのところ、ちょっと好奇心をそそられたよ」とウィッカム大将はわたしにいった。

スタッブルバイン将軍もパーティの席でウィッカム大将の顔に好奇心がちらりとよぎったのに気づいていたし、これが軍事史における分岐点となりうることを認識していた。もし目の前で超常現象のデモンストレーションをおこなって、有名なキリスト教徒の参謀総長を魅了できさえすれば、その瞬間から超常現象がアメリカ陸軍に公認される方向へ進みはじめるかもしれないではないか？

だからこそ、スタッブルバイン将軍はこの機会をとらえて、ウィッカム大将にこういったのである。「よろしければ、いまこれをやって差し上げられますよ。いますぐスプーンを曲げて差し上げます。お望みでしたら」

そして、これがスタッブルバイン将軍の失敗だった、とウィッカム大将はわたしに向かっていった。

「わたしはパーティのど真ん中で彼にスプーン曲げなどしてもらいたくなかった」と彼はいった。「そんなことをするのは場違いだったからね」

まさにこうした過剰な熱中ぶりが、スタッブルバイン将軍を早期の退役に追いこんだのである。

しかし、マヌエル・ノリエガとの超常的な戦いは、スタッブルバイン将軍の退場では終わらなかった。それから五年後の一九八九年十二月、アメリカはノリエガを退陣させてコカイン密輸容疑で裁判にかけるために、〈ジャスト・コーズ〉作戦を決行した。しかし、パナマに到着したアメリカ軍部隊はノリエガが雲隠れしてしまったことに気づいた。

アメリカ政府内のある局が（リン・ブキャナン軍曹はどこの局だったか思いだせないとわた

しに語ったが、いずれにせよその情報はいまもたぶん機密扱いだろうという）超能力スパイを召集した。ノリエガはどこだ？　リン・ブキャナンはフォート・ミード基地の羽目板張りの建物内に座って、自分をトランス状態に入れ、「ノリエガの居場所に関する強力なひらめき」を受け取った。

「クリスティー・マクニコルに聞け」と彼は紙片にくりかえし書きつづけた。「クリスティー・マクニコルに聞け」

ブキャナン軍曹は、テレビ女優のクリスティー・マクニコルがノリエガ将軍の居場所の鍵を握っていると確信した。〈刑事スタスキー＆ハッチ〉やABCのミニシリーズ〈ファミリー〉、〈バイオニック・ジェミー〉、〈ラブ・ボートII〉に出演した女優である。一九八九年十二月の時点で、クリスティー・マクニコルはちょうどCBSの特別番組〈どっきりカメラ！　最初の四十年間〉の録画を終え、〈ジェシカおばさんの事件簿〉にゲスト出演して、エロティック・スリラーの〈トゥー・ムーン〉に出演したところだった。

「クリスティー・マクニコルに聞け」とリンはトランス状態で書きつづけた。

リン・ブキャナンはここで話を中断して、誰かが自分の透視に基づいて行動したかどうかは知らないといった。彼の説明によれば、秘密の超能力部隊では、いったん自分の透視を上にあげたら、以降の展開についてあとから教えてもらうことはめったにない仕組みになっているのだという。彼はアメリカ政府当局がそのあとクリスティー・マクニコルに接触したかどうかまったくわからなかった。

そこでわたしは自分で彼女に聞いてみることにした。わたしは彼女にEメールを送って、次のような質問をした。彼女は一九八九年十二月にマヌエル・ノリエガ将軍が隠れている場所をたまたま知っていただろうか？　また、わたしはこの問題で彼女に連絡を取った最初の人間だろうか？　それとも、過去にほかの人間、もしかしたらアメリカの情報部員が彼女に接触したことがあるだろうか？

わたしが返事をもらうことはついになかった。

平凡な不可知論者にとって容易でないのは、自分たちの指導者と敵の指導者がときどき国際問題を普通の次元と超自然的な次元の両面で対処すべきだと信じているように思えるという考えを受け入れることである。

一年か二年のあいだにわたしは、一九七〇年代後半にジム・チャノンが行なった知的探求の旅の途中でチャノンに会った人間のなかで、所在のわかった全員と連絡を取った。その一人がスチュアート・ヘラーである。スチュアートは共通の友人マリリン・ファーガスンによってジムと引き合わされた。ファーガスンは『アクエリアン革命』の著者として有名な人物である。スチュアートは、ジムが「じつにすばらしい人物」だったとわたしに語った。

近ごろのスチュアートは企業の管理職にストレスとうまく付き合うこつを教えている。彼は〈アップル〉やAT&T、世界銀行、NASAをおとずれて、管理職に、仕事場の喧騒のなかでも安定して心安らかでいられる方法を伝授している。西側世界の企業から企業へと飛びまわって、「こんにち西海岸で発展しているものは、いまから十年後には全国的な価値体系となるだろう」というジム・チャノンの一九七九年の予言を実現させている、同様のたくさんの権威たちの一人である。

わたしはスチュアートと話をしていて、ふと彼に第一地球大隊をいまも体現している人物を知らないかとたずねてみた。スチュアートはすぐさま答えた。「バート・ロドリゲスだ」

「バート・ロドリゲス？」とわたしはいった。

「フロリダで武術を教えている男だ」とスチュアートは説明した。「わたしの弟が生徒の一人でね。バートのような男にはいままで会ったことがない。彼の道場はいつも元軍人や元特殊部隊員でいっぱいだ。スパイとかね。そして、そのなかにわたしの痩せっぽちの弟がいるんだ」

わたしがバート・ロドリゲスの名前をコンピューターの検索エンジンに打ちこむと、画面いっぱいに、黒い口髭をはやして真剣な表情をしたスキンヘッドのキューバ人がいままさに汗だくの大男を道場の壁に叩きつけようとしている画像が現われた――道場の名前はフロリダ州デイニア・ビーチの〈US1フィットネス・センター〉。

「バートは一度、弟を床に寝かせたことがある」とスチュアートはいった。「それから、胸に胡瓜《きゅうり》を置き、自分は目隠しをして、ひゅっ！　サムライの刀で胡瓜を真っ二つにしたんだ。弟をまったく切らずにね。目隠しをしてだよ！」

「すごいですね」とわたしはいった。

「バートはわたしがこれまで会ったなかでも屈指の霊的な人間だ」とスチュアートはいった。

「いや、霊的というのは正しい言葉じゃない。彼はオカルト的なんだ。まるで、歩く死の化身だね。彼は離れた場所からきみを止めることができる。彼は思うだけで物理現象に影響をおよぼすことができるんだ。もしきみの注意を自分にひきつければ、手をふれずにきみを止めることができる」

スチュアートは言葉を切った。

「だが、彼はわたしのように話したりはしない。彼はわたしが知っているなかで最高の第一地球大隊員だが、それを言葉で表現することができないんだ。彼はキューバ出身のストリート・ファイターだ。バートの場合、それは天性のものだ。だが、誰にでもそのことはわかる。だから人々はやってきて、彼のもとで修業するんだ」

二〇〇一年四月、バート・ロドリゲスは新しい弟子を取った。弟子の名前はジアド・ジャラヒ。ジアドはある日、〈US1フィットネス・センター〉にふらりとやってきて、バートが優秀だと聞いたといった。ジアドがフロリダの沿岸に点在する武術の師範のなかでなぜバートを選んだのかは想像の域を出ない。もしかするとバート独自のオカルト的な評判が先行したのかもしれないし、バートと軍とのつながりのせいかもしれない。それにくわえて、バートはかつてサウジアラビアの治安責任者に武術を教えたことがあった。もしかするとそのせいかもしれない。

ジアドがバートに語ったところによれば、自分はあちこち飛びまわるビジネスマンで、集団に襲われたときの護身術を教えてもらいたいという。

「ジアドのことはたいへん気に入ったよ」とバート・ロドリゲスはわたしが電話をかけたときいった。「とても控えめで、おとなしかった。身体も健康で、とても稽古熱心だった」

「なにを教えたんです?」とわたしはたずねた。

「首絞め技だ」とバートは答えた。「誰かを眠らせるか、殺すために使う。わたしは彼に首絞め技とカミカゼ魂を教えた。人には生命をかけられる規範が必要なんだ。生きるか死ぬかの欲求が。そして、それが人に第六感を与えてくれる。相手の心のなかを見とおし、はったりをかましているのかどうかを知る能力を。そうとも。わたしは彼に首絞め技とカミカゼ魂を教えた。ジアドはサッカー選手でもあった。戦いのときには、テコンドーの黒帯よりもサッカー選手が横にいてくれたほうがずっといい。サッカー選手は相手をかわして飛びこめるからね」

沈黙があった。

「ジアドはルーク・スカイウォーカーのようだった」とバートはいった。「ルークが見えない橋を渡る場面を知っているね？　橋がそこにあると信じなければならないんだ。そして、しっかりと信じれば橋はたしかにそこにある。そうとも。ジアドはそれを信じた。彼はルーク・スカイウォーカーのようだったんだ」

バートは六カ月間、ジアドを教えた。彼のことが気に入り、レバノンですごしたつらい幼少時代に同情した。バートは自分が書いた三冊のナイフ格闘術訓練マニュアルをジアドに与え、ジアドはそれを自分の友人のマルワン・アル・シェヒに渡した。彼は道をいった先のフロリダ州ディアフィールド・ビーチにある〈パンサー・モーテル＆アパートメント〉の一二号室に滞在していた。

われわれがそのことを知っているのは、マルワン・アル・シェヒが二〇〇一年九月十日に〈パンサー・モーテル〉をチェックアウトしたとき、彼がボーイング757型機の飛行マニュアルとナイフ、黒いキャンバスのバッグ、英独辞典、そしてバート・ロドリゲスが書いた三冊の武術マニュアルを残していったからである。スチュアート・ヘラーが「わたしが知っているなかで最高の第一地球大隊員」と呼んだ男が書いたマニュアルを。

マルワン・アル・シェヒは〈パンサー・モーテル〉をチェックアウトして、ボストンへ飛び、飛行機を乗り換えて、一七五便を乗っ取り、世界貿易センターの南塔につっこんだとき、二十三歳だった。

ジアド・ジャラヒはユナイテッド航空九三便を乗っ取ったとき、二十六歳だった。ワシントンDCに向かう途中でペンシルヴェニア州の畑に墜落した旅客機の。

「いいかね？」とバートはいった。「ジアドの任務は知恵のあるハイジャッカーになることだったとわたしは思っている。彼は後ろにひかえて、仕事がちゃんとおこなわれ、旅客機の乗っ取りが完了するようにしていたんだ」バートは言葉を切った。「もしきみが息子を愛していて、彼が大量殺人犯になったとしたら、きみは息子を愛するのをやめるかね？」

〈テロとの戦い〉におけるガイ・サーヴェリの役割は、二〇〇三年の冬、五人ほどの見知らぬ人間がそれぞれ数日以内にEメールや電話で彼に接触してきたときにはじまった。彼らは超能力で山羊を殺す力があるかと彼にたずねた。ガイは困惑した。自分はそのことを人にいってまわったりしなかった。この連中は何者だろう？　なぜ山羊のことを知っている？　彼はさり気ない口調をよそおって、「もちろんできる」と答えた。

それから彼は受話器を置かずに、特殊部隊に電話をかけた。

自分に接触してきた人間は、イギリス人らしき人物（わたしである）をのぞけば、全員がイスラム教徒だった、とガイは特殊部隊に話した。ほかの連中はまちがいなくイスラム教国、実際には悪の枢軸諸国からEメールを送ってきていた。こんなことはいままで一度もガイの身に起きなかった。連中はアル・カーイダだろうか？　人をにらみ殺す方法を学びたがっているビン・ラーディンの工作員だろうか？　これはアル・カーイダのまったく新しい超常現象部門のはじまりなのだろうか？

特殊部隊はわたしに会うようガイに指示した。わたしもきっとアル・カーイダの人間にちがいないからである。

「彼に話す内容には気をつけるんだぞ」と彼らはアドバイスした。

聞いて驚いたのだが、特殊部隊はわたしが彼をたずねる日の朝にガイに電話をかけさえした。わたしが〈レッド・ロブスター〉でコーヒーを飲んでいるとき、彼らはガイに電話をかけて、こういったのである。「もう彼は現われたか？　用心するんだぞ。そして、彼を撮影するんだ。テープに記録しろ。われわれはその連中が何者なのか知りたい……」

われわれがいっしょにすごした日のどの段階で、わたしはイスラム教徒のテロリストではないとガイが判断したのかははっきりしない。あるいは彼の娘が映画〈シカゴ〉でリチャード・ギアといっしょに踊ったことを知って、わたしが「あの映画のキャサリン・ゼタ・ジョーンズはすばらしかったなあ！」と叫んだときかもしれない。

身分をいつわったアル・カーイダのテロリストでさえ、あれほどはしゃごうとは思わないだろう。

ガイがハムスターの話をしているあいだじゅう、まだわたしのことを本物のジャーナリストではないと確信していたのはわかっている。わたしが「ハムスターを飼っているわたしの読者たち」の話をしたとき、彼はわたしのほうを疑わしげにちらりと見た。というのも、わたしには読者などまったくおらず、きょうの出来事を大衆にではなくテロリスト細胞にレポートするつもりだと信じていたからである。

わたしが空手チョップで山羊を殺す兵士のスナップ写真を目にしたとき、あんなにあわてて写真を拾い集めたのは、それが理由だった、とガイは説明した。あれは普通の空手チョップじゃない、と彼は打ち明けた。あれは死のタッチだ。

「死のタッチ？」とわたしはたずねた。

ガイは死のタッチについて教えてくれた。彼によれば、あれは伝説の〈急所〉で、震える掌とも呼ばれている。死のタッチは、ごく軽い一撃である。山羊は殺されるにはほど遠い。皮膚は切れていないし、打ち身すらない。山羊はそれから一日ほどぼうっとした顔をしてそこに立っているが、やがて突然ひっくりかえって死ぬのである。

「アル・カーイダがそんな力を手に入れた場合のことを想像してみろ」とガイはいった。「見つめるのと、死のタッチとは、まったく別物なんだ。だからわたしたちはみんな、きみが写真を見たとき、あんなにあわてふためいたんだよ。まだきみがアル・カーイダの人間かどうかわからなかったからね」

こういったわけで、ガイの人生は新たに奇妙な展開を迎えた。これから彼は昼間はダンスと武術のインストラクターで、夜はアル・カーイダの未知の超常現象部隊に潜入する秘密工作員となるのだろうか？

それから数週間、ガイとわたしは連絡を取り合った。

「べつの省の人間と会ったよ」と彼はある電話でいった。

「国土安全保障省ですか？」とわたしはたずねた。

「それはいえないんだ」とガイはいった。「だが、わたしに接触してきた人間の一人はアル・カーイダの人間にまちがいないと連中は思っている。確信しているんだ」

「どうしてわかるんです？」

「名前が一致したんだ。電話番号もだ。電話番号がリストに載っていた」

「情報機関の連中はあなたになんといったんです？」

「連中は、『そうとも、そうとも。その男はまちがいなく連中の一人だ』といった」

「アル・カーイダの？」

「アル・カーイダだ」とガイ。

「あなたは囮なんですか？」

「どうやらそのようだ」とガイはいった。「こっちはちょっと危険になりつつあるよ」

「あなたは囮にされている」

「いいか、聞いてくれ、ジョン」とガイはいった。「あの情報機関の連中はわたしのことを取るに足らない人間だと思っているんだ。つまらん男だとな！　わたしは連中にいってやった。『わたしには家族がいるんだ』すると連中はこういうのさ。『ああ、わかっているよ。家族がいるっていうのはなんともすばらしいことだ』わたしたちはまったくの消耗品なんだ。わたしは街灯の柱に吊されて死ぬことになるだろう。いまいましい街灯の柱にな！」

　このとき、わたしはガイの妻がこういうのを耳にした。「まったくおかしいったらありゃしない」

「ちょっと待ってくれ」とガイはいった。

ガイと彼の妻はくぐもった声で言葉をかわした。

「うちの女房は電話でこんなふうに話すべきじゃないというんだ」とガイはいった。「もう切るよ」

「連絡をたやさないようにしてください！」とわたしはいった。

ガイはそうしてくれた。アル・カーイダの超常現象部門かもしれない相手を罠にかける各種の計画が変更されるたびに、ガイは進展をわたしに教えてくれた。プランAは、ガイがその連中をアメリカに招待するというものだった。やがて、情報機関の者たちは考えを変えて、ガイにこういった。「連中にここにきてもらいたくない」

もっと危険なプランBは、ガイが連中の国に出向くというものだった。彼は連中に比較的害のない超能力を教えて、見聞きしたすべてをアメリカに報告することになっていた。

ガイは彼らにいった。「まっぴらごめんだ」

プランCは、ガイが中立国で彼らに会うという計画だった――たぶんロンドンで。それともフランスか。プランCはどちらの側にも好都合で、実現しそうだった。

「きみにはぜひともその場にいてもらいたいんだがね」とガイはいった。

ガイは、彼によれば「一〇〇パーセント確実に」アル・カーイダの工作員が書いたものだというEメールの一部を送ってくれた。それにはこうあった。

親愛なるサーヴェリ様

とても元気でおすごしと思います。わたしは選手権の大会でいそがしですが選手権の大会は成功になるでしょう。サーヴェリ様、どうかわたしがあなたの連盟に所属を申請したら手ずつきはどうなのか教えてくださいどうかくわしこと教えてください。

これで全部だった。どうやら二つのシナリオのいずれかが進展しつつあるようだった。ガイはセンセーショナルな囮作戦の渦中にいるのか。それとも、ガイの連盟に参加したいだけの不運な若い武術愛好家がキューバのグアンタナモ基地の収容所に送られようとしているのか。われわれにできるのは待つことだけだった。

6　民営化

ここまでの話はずっと、アメリカの軍事基地内でひそかにおこなわれていた機密事項に関するものだった。ときおりそうした秘密の企みのはっきりした成果が日常生活に顔をのぞかせることはあったが、どれもその超自然的なルーツからは遠くかけ離れていた。たとえば、アリグザンダー大佐のねばねばの泡にかかわった人間は――それで監房にべったり貼りつけられた囚人であれ、ソマリアでのややぶざまな使用場面をフィルムにおさめたテレビ取材班であれ、大量破壊兵器に噴射するつもりでイラクに持っていった兵士たちであれ――それが一九七〇年代後半の超常パワー開拓構想の産物であることに誰一人気づかなかったのである。

しかし、一九九五年に突然、狂気のあきらかな断片が軍関係者の世界から一般社会へと漏れてきた。それをリークしたのは、道をあやまったスタッブルバイン将軍の秘蔵っ子だった。

以下が実際に起きたことである。

プルーデンス・カーラーブレイセイは、子供時代をすごした一九七〇年代、SFドラマの〈ドクター・フー〉や科学ドキュメンタリーを見るのが大好きだった。彼女はニューイングランドのくたびれた豪邸で成長した。土曜の夜、両親が出かけると、子供同士でよく手製の占い盤を手早く作り上げて、前の家主の幽霊との接触を試みたものだった。その家主はどうやらアルコール中毒と隣人との不仲のせいで、納屋で首吊り自殺をしたらしかった。子供たちはパジャマパーティ降霊会を開いていたのである。

「わたしたちはめずらしい体験をしたかったの」プルーデンスはサンディエゴのカールズバドにある自宅の小さなキッチンテーブルをはさんで向き合いながら、わたしにそういった。「わたしたちはみんな集まって、蠟燭に火をつけ、明かりを消して、手をふれただけでテーブルを持ち上げようとしたものよ」

「持ち上がりましたか?」とわたしはたずねた。

「まあね」とプルーデンスは答えた。「でも、わたしたちは子供だった。いま思うと、みんながちょっと力をくわえて、持ち上げたのかもしれない」

「膝を使って?」

「ええ」とプルーデンスは答えた。「よくわからないけれど」

プルーデンスと友人たちはときどき外に出て、UFOを見つけようとした。彼女たちは一度だけたしかにUFOを見たと思った。

プルーデンスは地元の大学に進学したが、十八歳のとき妊娠したため、大学を中退し、最初の夫のランディーといっしょに地元のトレーラーハウス駐車指定区域の管理人をはじめた。州博覧会ではアルバイトで豚の衣装を着て踊り、大学に戻って、物理学を勉強したが、また中退し、さらに四人の子供をもうけた。インディアナ州で年金生活者にベリーダンスを教え、結局ダニエルという名前の新しい夫とともにアトランタのアパートメントにおさまって、ウェブサイトをデザインする仕事をはじめた。そんな一九九五年のある夜、プルーデンスはテレビをつけた。画面には一人の軍人が映っていた。

「その軍人はなにをしゃべっていたんですか？」わたしはプルーデンスにたずねた。「彼は自分が本物のオビワン・ケノービだといわなかったですか？」

「彼はそのとおりの言葉を使ったわ」とプルーデンスはいった。「『本物のオビワン・ケノービ』だって」

「アメリカ軍のために働いていると？」

「そのとおりよ」とプルーデンス。

「そして、その瞬間まで、人々は誰もそうした人間たちが存在することを知らなかったと？」

「ええ」とプルーデンスは答えた。「そのときまで、彼らは完全に秘密にされていたの。彼は心だけを使って全宇宙のあらゆるものに接触する方法について話していたわ。そして、軍がどうやって彼やほかの超能力スパイを利用して、戦争を回避し、ほかの国の秘密事項を見つけだしているかをね。彼は自分たちが遠隔視能力者《リモート・ヴューアー》と呼ばれているといった。そうよ。彼の話によれば、彼は超能力スパイの秘密チームの一員で、その部隊の指揮官なの。そして、彼はまったく予想外の姿をしていたわ。秘密の超能力を持っているようには見えなかったの」

「どんなふうに見えたんです？」

プルーデンスは笑い声をあげた。

「彼は痩せて背が低くて、あの馬鹿げた七〇年代のヘアスタイルに口髭をはやしていた。超能力スパイどころか、軍人らしくさえなかったわ。街角で見かける変わり者そっくりだった」

テレビの男は自分がトップレベルの機密取り扱い資格を持っているといった。サダム・フセインの正確な居場所や、モーセの十戒を刻んだ石をおさめたとされる、失われた契約の箱《アーク》のありかを知っていると。プルーデンスは画面に釘づけになった。テレビを見ているあいだに、ずっと忘れていた子供時代の情熱がよみがえってきた。占い盤や〈ドクター・フー〉、学校でよくやった科学研究のことが。

「わたしは自分がSFに夢中になったり、物理学や異星人に関する記事を片っ端から読んだりした理由をおぼえていたの」と彼女はいった。

プルーデンスはその瞬間、これが自分の人生でやりたいことだと決心した。彼女はテレビの男のようになって、彼が知っていることを知り、彼に見えるものを見たいと思った。

その男の名前はエド・デイムズ少佐だった。


アルバート・スタッブルバイン将軍は、壁抜けや空中浮揚に失敗したことや、動物の心臓を破裂させるという構想にどうやら特殊部隊の興味を引けなかったことについて、喜んでわたしに話してくれた。彼にとっていい思い出ではなかったはずなのに、将軍はこうした出来事を陽気に物語ってくれた。わたしたちの面談で唯一、苦悩の表情が将軍の顔をよぎったのは、彼の秘蔵っ子であるエド・デイムズ少佐の話題になったときである。

「彼が秘密を漏らしたことでわたしはひどく迷惑した」と彼はいった。「彼はああいう男だった、そうとも、わかっている、そうとも、わかっているんだ」将軍は言葉を切った。「ああ、わかっている、そうとも、そうとも」と彼は悲しげにいった。「もし口に猿ぐつわをしておいたほうがいい人間がいたとすれば、それはエド・デイムズだった。彼はあきらかに、じっと聞いていたほうがいいときに口を開く男だった。ついでにいえば、大いに動揺したよ」

「なぜです?」

「彼はわたしと同じように、『わたしは秘密を漏らさないと誓います』と宣誓したんだ。しかし、彼はそこらじゅう走りまわって、みんなに秘密をばらした。胸をふくらませて、『わたしは彼らの一員でした』といったのさ。彼は王様になりたかったんだ」

エド・デイムズはスタッブルバイン将軍が個人的にスカウトした者の一人だった。一九八一年に秘密超能力部隊の指揮をひきついだとき、将軍は軍内部から熱心な仲間たちの一団が計画にくわわることを許した。アメリカ政府の超能力研究は、そのときまで、基本的に三人の人間を中心にしていた。元警察官で建設下請け業者のパット・プライス、それにインゴ・スワンとジョー・マクモニーグルという二人の兵士である。この三人は、もっとも強硬な懐疑論者《スケプティック》以外の全員からなんらかのめずらしい才能を持っていると思われていた(ジョー・マクモニーグルの才能は、どうやらベトナムでヘリコプターから落ちたあとで現われたようだった)。

しかし、スタッブルバイン将軍は、生きている人間すべてが超自然的な奇跡を起こす能力を持っているという第一地球大隊の教義を熱心に信じていたので、秘密部隊の門戸を大きく開いた。エド・デイムズは彼が引き入れた人間たちの一人である。

子供のころ、エド・デイムズは怪物ビッグフットやUFOやSF番組の大ファンだった。フォート・ミード基地の超能力スパイの小屋にほど近い通常部隊に配属されているとき、彼は秘密部隊の噂を聞いて、スタッブルバイン将軍に自分を入れてくれるよう嘆願した。もしかすると、プルーデンスがあの夜テレビでエド・デイムズが部隊の秘密をあかすのを見てから九年たっても、いまだに将軍がこれほど腹を立てているのはそのせいかもしれない。将軍はたぶんつぎに起きた——プルーデンスを巻きこんだ——恐ろしい出来事に部分的な責任を感じているのだろう。

一九九五年、エドは突然、大々的に秘密をぶちまけた。それも一度だけではなく何度も。彼はテレビやラジオの番組に出演するようになった。山羊にらみや壁抜け、第一地球大隊といったことには触れなかったが、秘密の超能力部隊についておもしろおかしくしゃべった。

しかし、実際にエドをスーパースターにしたのはアート・ベルのラジオ番組だった。

アート・ベルはネヴァダ州のごく小さな砂漠の町パーランプから放送を流している。パーランプの名前がニュースに出ることはめったにないが、一度、人口あたりの自殺率がアメリカでいちばん高いということで一面を飾ったことがある。三万のパーランプの住民のうちで十九人が毎年自殺に走るのである。パーランプは世界一有名な売春宿〈チキン・ランチ〉がある町でもある。この売春宿からほこりっぽい通りを数本へだてたところにアート・ベルの家がある。青くだらだらと広がった家で、柵で区切られ、アンテナに囲まれている。アート・ベルがいるのは辺鄙《へんぴ》な片田舎だし、彼の番組も深夜放送だが、彼の声は五百以上のＡＭ局を中継して、およそ千八百万人ものアメリカの聴取者にとどいている。

わたしが聞いているところでは、最盛期には四千万もの聴取者がアート・ベルの放送に耳をかたむけていたという。その多くが、エド・デイムズの登場に魅了された。デイムズは番組のレギュラー出演者のようなものになった。ここに彼が出演した一九九五年のある回の典型的なやりとりがある。

アート・ベル　思い返していただければ、政府はすでに何年間も、たくさんの金と時間と努力を遠隔視につぎこんできました。したがって、それは案外馬鹿げたことではないのです。わたしはデイムズ少佐にお願いして電話に出ていただきました。ひじょうに遅い時間だとはわかっているのですが。少佐、番組へようこそ。

エド・デイムズ　ありがとう、アート。

アート・ベル　どんなことをお話しいただけますか？

エド・デイムズ　そうですね、われわれは訓練や、さまざまな部局のために遂行していたハイレベルの請け負い仕事——政府のためにテロリストを追跡する仕事ですが——のほかに、人間の赤ん坊が近い将来に死にはじめるということをしめすデータを得ていました。たくさんの人間の赤ん坊です……。どうやら牛のエイズのウイルスが開発されているようです。この牛エイズは人間の赤ん坊に毒物学的な傷害を与える原因となり、比較的大きな数の赤ん坊が死ぬでしょう。

アート・ベル　まさか。ええっ！　……ねえ、避ける道はないんですか？

エド・デイムズ　いや、避ける道はないようです。

アート・ベル　なんということでしょう。これは恐ろしいニュースです。

アート・ベルは長年にわたって破滅を予言する人間をたくさんゲストに招いてきたが、この予言者は人騒がせにも、トップレベルの機密取り扱い資格を持ったアメリカ陸軍の少佐だった。

ええ、何百万というアメリカの赤ん坊が汚染された牛乳を飲んでいまにもエイズにかかるでしょう。彼によれば、これは自分がまだ陸軍にいたときに透視したもので、この情報はすでに上官たちに伝えてあるという。

では、軍情報機関の高官たちもこのことを知っているのだ。アート・ベルはこの差し迫った大災害の事前情報が最上層部までとどいているという証言に息を飲んだ。

それだけではありません、とエドはいった。時速三百マイルの風がじきにアメリカで吹き荒れ、小麦をすべてなぎ倒し、誰もが残る人生のほとんどを屋内ですごさねばならなくなるでしょう。

「すばらしかったわ！」とプルーデンスはサンディエゴのキッチンテーブルでふりかえった。「あれは遠隔視の栄光の日々だった。人々は夢中になった。すごいことに思えたのよ。エド・デイムズはすぐにアート・ベルの大のお気にいりのインタビュー相手の一人になった。彼はいつも番組に登場していた。彼は太陽面爆発でわたしたちが黒焦げになるといったわ。地球上の生命のほとんどを抹殺するだろうってね。それから、やってくるヘール・ボップ彗星が植物病原体を落とすだろうとも」

「本当ですか？」とわたしはたずねた。

「ええ。彼は異星人がヘール・ボップ彗星に容器を取りつけていて、彗星がその容器を地球に落とし、なにかのウイルスが出てきて、植物をすべて食い荒らし、わたしたちは地中に住む虫を食べて地下で暮らさなければならなくなるっていったの」プルーデンスは笑った。

るといったの」

「ええ、そうよ！　そして、彼はその日付も知っていた。彼はそれが二〇〇〇年の二月に起きるといったの」

わたしたちは二人とも笑った。

「それで、牛エイズはどうなったんです？」とわたしはたずねた。

「牛エイズ！」とプルーデンスはいった。彼女はまじめな顔になった。「狂牛病よ」と彼女はいった。

一九九五年から現在のあいだにエド・デイムズ少佐は、牛エイズと時速三百マイルの暴風以外にも、以下の予言を、おもにアート・ベルの番組でおおやけにしている。砂漠の地下に住んでいる身ごもった火星人が、アメリカの会社から化学肥料を盗むために出てくる。エイズは猿ではなく犬に由来するものだということが判明する。太陽系外の宇宙空間からきた容器が菌をばらまいて、あらゆる作物を死滅させる。魔王と天使と神の存在が疑いの余地なく証明される。一九九八年四月、ゴルフコースに稲妻が落ちて、クリントン大統領が死亡する。

「そして、彼は軍での体験をこうした予言といっしょくたにして物語ったの。それはこの馬鹿げた話全体をずっと本物らしく、実体あるもののように思わせた。政府は彼が超能力スパイだったことに異をとなえようとしなかった。政府は彼の尽力を讃え、勲章を授与していた。彼は名誉除隊した。彼に関するすべてがちゃんとしていたの」

「きっとアート・ベルの聴取者の一部には、ときどき彼が国防総省内のトップレベルの会議を立ち聞きしているように思えたでしょうね」とわたしはいった。

「じつに本当らしく聞こえたわ」とプルーデンスはいった。「彼は軍が納税者のお金二千万ドルをどうやって調査についやしたかをよく話していた。だから、すべてがなるほどと思えたの」

アート・ベルの聴取者たちが知らなかったのは、エド・デイムズが軍の超能力スパイとしては異例だったということである。フォート・ミード基地の秘密部隊でエドの同僚だった者たちの大半は、おもに地図の座標といったきわめて退屈なものを透視することに時間をついやしていた。それに対して、エドは超能力でネス湖の怪物が恐竜の幽霊であるという結論に達していた。もしエドのもっと地味な同僚の一人が彼のかわりに秘密をぶちまけることを選んで、アート・ベルの番組に出演し、地図の座標について話していたら、何百万という聴取者があれほどひきつけられたとは思えない。

エドがマスコミに登場したことで、秘密部隊の廃止が早まったのかもしれない。CIAは一九九五年に公式に部隊の機密扱いを解いて解散させた。スタッブルバイン将軍の兵士たちは、部隊ですごした期間の大部分を超能力者になろうとしていたが、いまやそれも終わりだった。彼らは時間と空間を日常的に行き来する世界——いまパナマ・シティーにあるノリエガのリビングにいたと思ったら、つぎの瞬間にはイラクにあるサダム・フセインの宮殿のなかを超能力で嗅ぎまわっている——と、もっと凡庸な、極秘活動の扱いのせいでコーヒーマシンも建物の保守予算も与えられない世界を同時に生きた年月のあとで、たぶんもっとも奇妙な世界に出ていった。民間人の世界に。

一九九〇年代なかばの一時期には、金を稼ぐのは容易に思えた。エド・デイムズはビヴァリー・ヒルズに引っ越して、ハリウッドの重役たちとハイレベルの会談を重ねはじめた。彼は、自分をモデルにして、超能力で悪人を倒すスーパー兵士が活躍する土曜の朝の子供向けアニメ番組のキャラクターを作る可能性について、人気子供アニメの〈スクービー・ドゥー〉を制作したハンナ・バーバラ社と取り引きをはじめた。また、超能力スパイ訓練学校を設立し、二千四百ドルで生徒に「一人一人に合わせた（マンツーマンの）、四日間のきびしいプログラム」を提供した。

彼の会社のスローガンは、〝達人から遠隔視を学ぼう〟だった。

ある夏の土曜日、エド・デイムズとわたしは彼のジープ型車に乗ってマウイを走りまわっていた（ジム・チャノンや、特殊部隊がフォート・ブラッグ基地でひそかに山羊を見つめる活動をおこなっていたとはじめてわたしに口をすべらせたグレン・ホイートンと同じように、エドはハワイ諸島に家を構えている）。

エドは大きな広角サングラスをしていた——彼の目は、顔のなかで年齢を表わしている唯一の部分だった。エドは現在五十五歳だが、目以外のすべては十代の若さである。サーファー風の髪も、やぶれたジーンズも、躁病的なエネルギーも。彼は片手に〈スターバックス〉のコーヒーを持ち、もう一方の手でハンドルをあやつっていた。

「軍の人たちは、アート・ベルの番組で秘密部隊の存在をぶちまけたことで、あなたに腹を立ててましたか？」わたしは彼にたずねた。

「腹を立ててたか？」と彼はいった。「怒ったか？　かっかしたか？　もちろんだよ」

「そんなことをした動機はなんだったんですか？」

「動機などなかったよ」彼は肩をすくめた。「動機などまるでなかった」

彼は運転をつづけた。わたしたちは海岸の道を走っていた。

「わたしは安らぎと美を求めてここに引っ越したんだ」とエドはいった。「だが、ああ、水平線の向こうからなにかひどく忌まわしいものがやってこようとしている。ぞっとするような世のなかになるだろう。世のなかは不快なものになる。ここはそれが起きたときにいるにはいい場所だ」

「なにが起きるんです？」

「われわれはみんな死ぬのさ！」エドはそういって笑った。

しかし、それから彼は、自分は本気だといった。

「つぎの十年間に、人類は史上屈指の破滅的な文明の変化を目にすることになるだろう。大地の変動だ。聖書の予言のような事件さ」

「疫病のような？」

「いや、そんなものはささいな事件だ」

「疫病より悪いというんですか？」

「病は人類に猛威をふるうだろうが、わたしが話をしているのは、実際の大地の変動だ。冗談じゃないぞ」

「火山とか地震ですか？」

「地軸が揺らいで、それが海を震わせるだろう」とエドはいった。「地球物理学上、人類はつぎの十年のあいだに、〈ミスター・トードのワイルドライド〉のような目まぐるしい変化の道を進むことになる」

「それはあなたが透視したことですか？」

「何度もくりかえしな」とエドはいった。

「プルーデンスの話だと、遠隔視にはじめて興味を引かれたのは、ある日アトランタでテレビをつけて、あなたを見たときだそうです」とわたしはいった。

沈黙があった。わたしはプルーデンスという名前を聞いたときのエドの反応を見きわめたかった。恐ろしいことがたくさん起きたので、わたしは彼がびくりとするかどうか興味があったのだが、彼は動じなかった。そのかわりに、彼はあいまいな態度になった。

「いま街で遠隔視をやっている人間の大半はわたしの弟子か、弟子の弟子だよ」と彼はいった。

それは事実だった。軍でエドの同僚だった者たちの多くは、部隊が解散になってからやがて自分の訓練学校を開いたが、エドは、ほかの超能力スパイたちがみんな自分より能力が劣るとほのめかすキャンペーンを展開した。これは効き目があった。マウイのエドの家は海岸近くの部外者立入禁止の驚くほど裕福なコミュニティーにあるが、元同僚の何人かは——超能力者のリン・ブキャナン軍曹のように——コンピューター・エンジニアなどの職業で糊口《ここう》をしのぐことを余儀なくされている。リン・ブキャナンはUFO愛好家のあいだでは伝説的な人物だが、おだやかな人柄がたたって、どんどん激化する民間の超能力スパイ市場に食いこむ機会を得られていない。

プルーデンスはエドに超能力スパイになる方法を教えてもらいたかった。「でも、エドには空きがぜんぜんなかったの」と彼女はいった。「彼の予定は二年先までびっしりつまっていた。

誰もがエド・デイムズのような超能力スパイになりたかったのよ」

そこで彼女は次善の策を取った――アトランタ在住の政治学の講師でがまんしたのである。彼の名前はコートニー・ブラウン博士といった。

コートニー・ブラウンの肩書きはすばらしいものだった。彼はトップレベルの軍事スパイではなかったかもしれないが、名門大学の学者だった。その大学の活動目標によれば、同校の理念は、「発見に秀《ひい》で、英知を生みだし、高潔さと名誉を教え、他者が追随する水準を定め、その意見ゆえに求め尊ばれ、世に役立つ発見をおこなう」ことである。

「驚いたことに、コートニー・ブラウン博士は、民間人ではほとんどはじめてエド・デイムズの弟子になった人で、そののち自分の訓練学校〈ファーサイト協会〉をアトランタに設立したの」とプルーデンスはいった。「わたしはアトランタに住んでいた。わたしはロサンゼルス以外で遠隔視の訓練を受けられる唯一の都市に住んでいたのよ。そこで、わたしはすぐに入学手続きをしたわ！」

コートニー・ブラウン博士は頭がよくてハンサムで、あどけない目をした気さくな人物である。エド・デイムズのところでマンツーマンの超能力スパイ養成コースを八日間受けたあとで、彼はデイムズ方式を自分流に変えて、多数の生徒たちに教えはじめた。

ブラウン博士とプルーデンスは親友になった。彼女は博士のウェブサイトと日記を運営した。二人はブラウン博士の地下室にいっしょに座って、お気にいりのターゲットを超能力でスパイした。異星人とか、神話の獣といった、エド・デイムズが軍の部隊内で遠隔視していたのと同じ空想的な事柄を。

一九九六年七月、プルーデンスはアート・ベルから電話をもらった。数百万の聴取者がエド・デイムズに夢中になっていて、関連することをなんでも聞きたがっていた。ブラウン博士に番組に出てもらえるだろうか？

「毎日が新しい冒険だったわ」とプルーデンスはわたしに語った。「でも、これはそれまでで最大の冒険だった」

アート・ベルは番組でコートニー・ブラウン博士にこうたずねた。多数の赤ん坊が死んで、とてつもない風がいまにも大地の上を吹き荒れるというデイムズ少佐の言葉に、あなたは同意しますか？

コートニー・ブラウン　気候の変化はまちがいなくおとずれます。

アート・ベル　どのような？

コートニー・ブラウン　われわれの子供たちが生きているあいだに、人類は映画〈マッドマックス〉が想定したような状況に入りはじめるでしょう。現時点では、文明が身をひそめて、地下シェルターに入らねばならないことはきわめて明白です。

アート・ベル　地下シェルターですか、ブラウン教授？

コートニー・ブラウン　そうです。住民はばらばらになります。政治機構もばらばらになります。地上ではギャングたちがうろつく。住民は基本的に地下壕で生きのびる。しかも、全員が地下壕に入れるわけではありません。大半の人々は地上で死ぬまで争いつづけなければなりません。

アート・ベル　なるほど、もしわたしが恐怖の叫びを漏らしたらすみません、ブラウン博士。もしいまおっしゃったことがデイムズ少佐のお話とどれほど似ているかおわかりでしたら、たぶんあなたはいますぐ地下壕を掘りはじめるでしょうね。

エド・デイムズのもとで訓練を受けた民間人は、かつての同僚たちに対する師匠の軽蔑を受け継いでいるようだ。アート・ベルの番組でコートニー・ブラウンは、彼らが透視のもっと深い副産物と対峙するだけの知性をそなえていないといった。たとえば、もしCIAがサダム・フセインを探せと命じ、スパイがバグダッドの宮殿のなかを超能力で嗅ぎまわっているとき、影に隠れている地球外生命体とばったり出くわしても、スパイは独裁者を見つけるまでそのまま歩きつづけるだろう。有能な超能力スパイならまちがいなく立ち止まって、地球外生命体と対峙するだろうが、残念ながら、軍の超能力者たちはそうではない、とコートニー・ブラウンはアート・ベルの聴取者たちにほのめかしたのである。アート・ベルは、それはたしかに馬鹿げていると認めた。絶好のチャンスをむだにするなんてとんでもない話だと。

アート・ベル　あなたは火星に関するまじめで専門的なプロジェクトに手をそめられた、そうですね？

コートニー・ブラウン　そうですね、わたしは二種類の地球外生命体を研究しました――グレイと呼ばれる種族と、火星人です。大昔、恐竜が地球を闊歩していたころ、古代の火星文明が存在しました……。

火星の文明が火星全体を襲ったなにかの天変地異によって恐竜時代に滅亡したとき、「銀河連邦がグレイ型異星人の救出グループに許可を与えて」、火星人を救わせたのだと、コートニー・ブラウン博士は説明した。

「多くの火星人が救出されました」と彼はいった。

「火星の外へ？」とアート・ベルはたずねた。

「そうです」とコートニー・ブラウンは答えた。「しかし、彼らはいま火星の地下の洞窟に戻っています。救出されて喜んでいますが、かわりに地球へ運んでもらいたかったと思っています。問題は、彼らが死んだ惑星に住んでいることです。彼らはいずれ立ち去らねばならない。彼らは岩と危うい場所のあいだで暮らしています。火星をあとにしなければならないのです。彼らはここへこなければならない。しかし、この惑星には、火星からの侵略を描いた映画を作る、攻撃的で敵意を持つ人類が住んでいて、火星人はこわがっています。これに関する遠隔視の結果には、まったく疑う余地がありません」

コートニー・ブラウンは火星人が二年以内にまちがいなく地球へやってくるといった。アート・ベルはすかさず、たぶん聴取者のなかでもっと右派の移民反対論者の脳裏に焼き付けられるような質問をした。

アート・ベル　重要な質問です。向こうにはどれぐらいの数の火星人がいるのですか？

コートニー・ブラウン　人口問題を引き起こすことはないでしょう。わたしたちが話しているのは、たぶんそこそこの都市をいっぱいにする程度の人口でしょう。

アート・ベル　それは少ない数ですね、本当に。

コートニー・ブラウン　あなたは、見返りはなにかとたずねるかもしれない。「われわれが彼らを助けなければならないのかと。人々は実際、わたしにこういっています。なぜわれわれの利他主義が宇宙で評判になることなんかどうでもいい。なぜわれわれは誰かを助けなければならないんだ？　ベトナム戦争が終わったとき、カンボジアとベトナムの難民を受け入れるのでさんざん苦労したんだ。なぜよりによって火星人を助けなくちゃならない？」

この地球人の孤立主義者たちに対するコートニー・ブラウンの答えはこうだ。利他主義なんか忘れてしまえ。なぜなら火星人には「われわれより百五十年進んだ技術があります。もしサダム・フセインのような人間が彼らに『やあ！　着陸場所がほしいかね？　だったら、こっちへきたまえ』といったらどうなるか想像してください」

だからこそアメリカ政府がこの機会をとらえて、「火星人の宇宙船をNATOの指揮下におさめ、その火星人たちを適切な移民手続きで受け入れる」ことが必要なのだ、とコートニー・ブラウンはやや切迫した声でいった。

ここでアート・ベルは、「窮地に追いこまれた人は自暴自棄なことをしますよ」と懸念を口にした。たとえ火星人が本質的に平和であっても、もしかすると火星内部の洞窟という絶望的な住環境のせいで、アメリカ人が彼らを助けにいったとき、感謝するどころか思いがけず暴力的になるかもしれない。それが実質上、グレナダやベトナムで起きたことではないか、と。コートニー・ブラウンは、アート・ベルの懸念はもっともだと認めたが、そういうことは起きないと保証した。

プルーデンスはコートニー・ブラウンがアート・ベルの番組ですばらしいところを見せたと思った。

「コートニーのカリスマが電波から飛びだして、人々の膝の上に飛び乗ったの」と彼女はいった。「彼が言葉を口にするときの誠意と愛情が感じ取れたわ」

そして、プルーデンスがその晩、番組を聞いているとき、電話が鳴った。

「プルー」と声はいった。「ウルフィーよ」

プルーデンスによると、ウルフィーというのは、ディーという女性のインターネット上のハンドルネームだった。ディーはヒューストンにあるラジオ局のニュースキャスター、チャック・シュラメクと婚約していた。プルーデンスはインターネットのチャットルームでディーとチャックと出会ったのである。三人はEメールを交換していたが、じかに話をしたことは一度もなかった。

「プルー、あなたがぜひとも見なければならないものがあるの」とディーはいった。「チャックがヘール・ボップ彗星の写真を手に入れたんだけれど、そのとなりになにかがあるのよ。これからそっちへ送るわ」

その瞬間、プルーデンスのEメールの受信トレイがまたたいた。彼女は添付ファイルを開いて、写真を目にした。ディーの話では、チャックはそれを裏庭の天体望遠鏡を使って撮影した

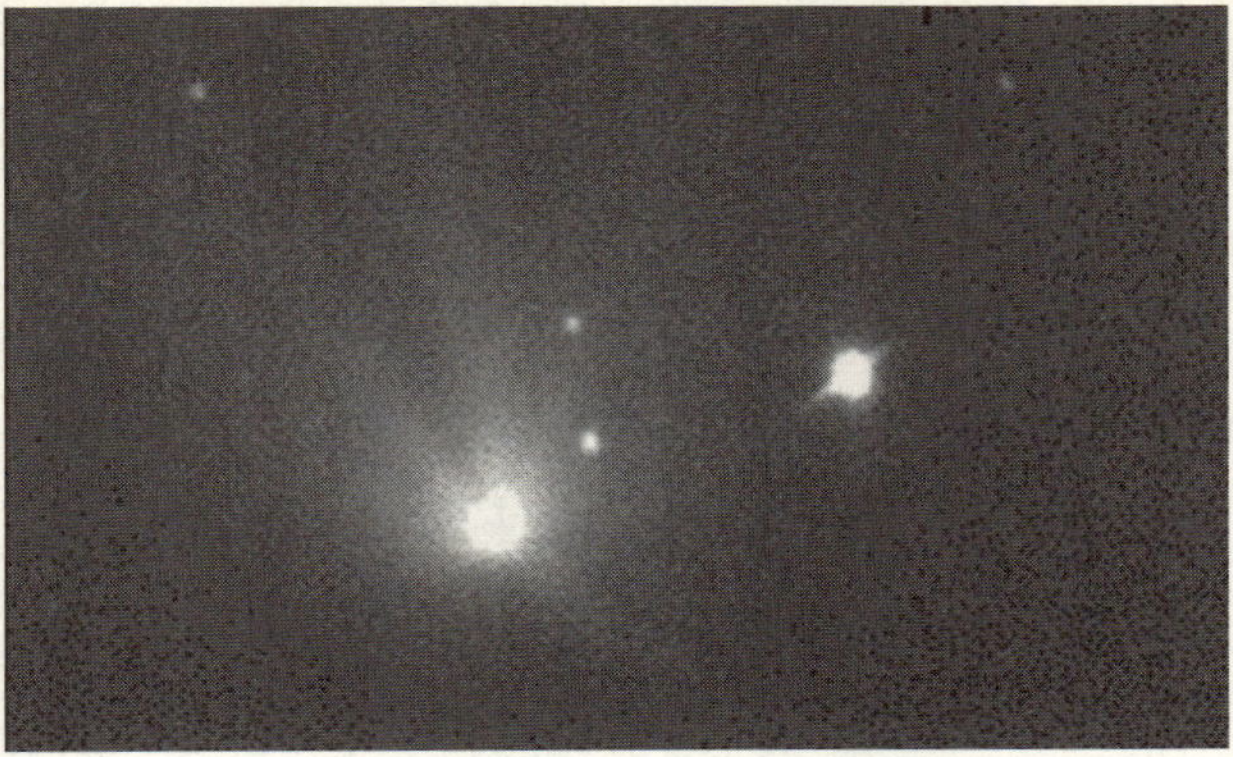

チャック・シュラメクの写真

のだという。彼はアマチュアの天体学者だった。写真の右のほうに、ヘール・ボップ彗星とならんで、なにかの物体があるようだった。

　写真を見てプルーデンスは叫び声をあげた。「彗星にくっついて飛んでいる物体は、どんな星よりも明るく輝いていたの」と彼女はわたしにいった。

　それから毎日、プルーデンスとコートニー・ブラウンとコートニーのほかの弟子たちは、ヘール・ボップ彗星のとなりにある土星の形をした物体を真剣に透視しはじめた。

「そして、わたしたちはそれが人工の物体であることを発見したの。チャックのカメラのまちがいじゃなかった。あれは現実の物体だった。しかも、異星に起源を持つものなの。見たところ巨大な丸い金属の物体のようで、そこらじゅうに窪みがあった。凹状のへこみがね。それにアンテナやらチューブやらがつきだしていた。それがわたしたちのほうへまっすぐ向かってくるの！　わたしたちはものすごく興奮したわ。コートニー・ブラウンはすぐにアート・ベルに電話をかけた」

一九九六年十一月十四日、アート・ベルは番組に二人のゲストを招いたと紹介した。チャック・シュラメクとコートニー・ブラウンである。

アート・ベル　チャック、番組へようこそ。
チャック・シュラメク　ありがとう、アート。出演できてうれしいですよ。
アート・ベル　あなたはアマチュアの天文学者ですね？
チャック・シュラメク　八歳のときからずっとね。いまは四十六歳です。
アート・ベル　じゃあ、そんなにアマチュアというわけでもないですね！
チャック・シュラメク　はっはっは！

チャックは写真の説明をはじめ、どうやってそれを撮ったか、その物体――ヘール・ボップ彗星の「伴星」――が星ではないことに気づいたとき心臓がどんなにどきどきしはじめたかを物語った。というのも、星図を調べると、彗星の近くにそんな星はなかったからである。

チャック・シュラメク　これは大きな物体です。しかも、土星のような輪があるように見える。驚くべきものです。
アート・ベル　いったいなんでしょう？

チャック・シュラメク　そうですね、それはコートニーが興味を持つ分野かもしれません。わたしには見当もつきませんが。

アート・ベル　では以上です。ヒューストンのチャックでした。これからこれがいったいどういうことなのかをコートニー・ブラウンにたずねてみましょう。もしかすると彼が知恵を貸してくれるかもしれません。彼ならできると思うのですが。

休憩のあと、コートニー・ブラウンは驚愕の事実を明らかにした――チャック・シュラメクの写真を彼とプルーデンスと〈ファーサイト協会〉が心霊的に研究した結果を。

アート・ベル　わたしはヘール・ボップ彗星の写真を見ましたが、じつに奇妙ですね。かなり大きななにかがあそこにはある。わたしにはなんなのか見当もつきませんが、それがなんであれ実在します。さて、教授、いったいあれはなんでしょう?

コートニー・ブラウン　喜んでお教えしますよ。聞きたいですか?

アート・ベル　聞きたいですね。

コートニーは科学的で冷静な口調をこころがけたが、興奮を隠すことはできなかった。

コートニー・ブラウン　わたしがこれからお教えする情報はあまりにも遠大で信じがたいものなので、そんなことはありえないとあなたはいうでしょう。でも忘れないでください、わたしは博士なのですよ。

アート・ベル　わかりました。

コートニー・ブラウン　この物体は地球のおよそ四倍の大きさで、こちらへ向かっています。なかにはどうやらトンネルがいくつもあるようです。そして、人工的な手段で動いています。知性を持つ者によってあやつられている。あれは乗り物です。そして、そこからメッセージが発せられています。

アート・ベル　驚いたな！　メッセージがきているんですか？

コートニー・ブラウン　その存在たちはわれわれと交信しようとしています。この物体は知覚力を持っているのです。生きている。知識を持っている。〈2001年宇宙の旅〉のモノリスのようなものです。これはいい知らせです。われわれの無知と暗黒の時代は終わりに近づいている。われわれは偉大さの時代へ入りつつあるのです。彼らはもっとやってきます！

アート・ベル　なんですって？

コートニー・ブラウン　おお、主よ……おお、主よ……。

アート・ベル　あれがもっとやってくるというのですか？　みなさん、これはラジオドラマ〈宇宙戦争〉の放送の真似ではありません。

これは驚くべきニュースだった。わたしは大ハンマーで頭を殴られたような気がした。

コートニー・ブラウン　アート、これは本物なんです。

それから短い間があり、やがてアート・ベルは口を開いたが、その声はかすかに震えていた。

アート・ベル　なぜかわたしはいつも、この場に居合わせるような気がしていました。

その夜、アート・ベルのウェブサイトは大量の交信でパンクした――聴取者たちがチャック・シュラメクの写真を見たくてログインしようとしたからである。あとわずか数カ月で――正確には一九九七年三月なかばごろに――ついに火星人たちがやってこようとしているのだ。インターネットのすばらしいところは、時間を凍結保存できることである。もし熱心に探せば、あの夜、アート・ベルの聴取者の一部が考えたことを見つけられる。彼らはラジオをバックに流しながら熱心にキーボードを叩いている。

本当にそんなことが起きるのか？　おい、こいつはすごいぞ！　アート・ベルの番組で、どこかの天文学者がいま突然、われらがヘール・ボップ彗星の近くに土星のような巨大な物体が見えるといったんだ！　そいつは知性を持つ者にあやつられていて、ETとつながっているんだとさ！

友人諸君
この驚くべきニュースが報じられるなか、ぼくは必死でキーボードを叩いている。

速報だ!!! 地球の四倍もある天空の物体が、ヘール・ボップ彗星のすぐあとから地球に向かってくる。輪を持つ球体で、自己発光性の光源を持ち、表面は一様になめらかで光っている。

これは反キリストの到来か?

プルーデンスもそれから数日後、アート・ベルの番組に出演して、ヘール・ボップ彗星といっしょに飛んでいる物体について自分が超能力で発見したことをあきらかにした。彼女とコートニー・ブラウンのところには電話とEメールがどっと押し寄せた。

「何千というEメールよ」とプルーデンスはいった。「わたしたちはその多くに定型の返事を送ったわ。全世界にいちいち答えるのはとうてい無理だから。念入りに選ばなければならないの」

何千というEメールのなかで、一つだけとくにプルーデンスには奇妙に思えたものがあった。それはこうたずねていた。「彗星といっしょに飛んでいる物体は、われわれを人間以上のレベルに高めるのでしょうか?」

プルーデンスはこのEメールをちょっと見つめてから、定型の返事を送った。「〈ファーサイト協会〉に関心をお寄せいただき感謝します。これが今後の講座のスケジュールです……」

カリフォルニア州サンディエゴ郊外のとても裕福な住宅地にある真っ白な家で、一九九七年三月なかば、テキサス出身のマーシャル・アップルホワイトという元音楽教師がビデオカメラのスイッチを入れ、自分を指差してこういった。「われわれはどうすればいいのかわからないほど興奮している。というのも、われわれはふたたび人間以上のレベルに入ろうとしているからだ！」

彼はビデオカメラを自分から人でいっぱいの部屋のほうへ向けた。彼らは全員まったく同じ服装をしていた。〈スター・トレック〉から出てきたような、彼ら独自のデザインのボタンがけの制服を着て、腕には〈天国の門《ヘヴンズ・ゲイト》遠征チーム〉と書いたパッチをつけていた。

彼らは全員、マーシャル・アップルホワイトと同じように、にこにこ笑っていた。「〈天国の門遠征チーム〉！」とマーシャル・アップルホワイトはビデオカメラに向かっていった。「この名前こそ、まさにこれがわれわれに意味するものである。われわれは遠征に出ていて、いま戻ってこようとしているのだ。わたしは人間以上の進化レベルを学ぶこの者たちを誇りに思う。彼らはこれから旅立とうとしていて、旅立ちに胸をときめかせているのだ！」

このグループ〈天国の門〉の誰かが自身のウェブサイトにメッセージを書きこんでいた。「緊急非常事態！　ヘール・ボップが〈天国の門〉を閉鎖に追いこむ」

ウェブサイトにはアート・ベルのサイトへのリンクもふくまれていた。

マーシャル・アップルホワイトと三十八人の弟子たちは最後の晩餐のために地元のレストランへいった。彼らは全員、まったく同じものをメニューから注文した――アイスティー、トマト・ヴィネグレット・ドレッシングをかけたサラダ、七面鳥、そしてブルーベリー・チーズケーキを。

それから彼らは共同生活をしている平屋の建物に戻っていった。

その数日後の夜、ヘール・ボップ彗星が裸眼で見えるほど地球に近づいたとき、プルーデンスはアトランタの〈ホリデイイン〉のバルコニーに立ち、鉄の手すりを胸に食いこませながら、木立ごしに首をつらそうにもたげていた。そのとき、彼女は彗星を目にした。

「本当にきれいだったわ」と彼女はいった。

「でも、彗星だけでしたよ」とわたしはいった。

「たしかに彗星だけだったわ」とプルーデンス。「わたしはあそこにじっと立って、いっしょに飛んでいた物体がどこへいったのかと首をひねっていたの。そのとき、誰かが階段を駆け上がってきた」

三十九人の人間が死んだのだった。

マーシャル・アップルホワイトと三十八人の弟子たちは、全員まったく同じ〈ナイキ〉のスニーカーをはいていた。全員がポケットに二十五セント硬貨のロールを入れていた。彼らはベッドに横たわり、それぞれが鎮静剤とアルコールと鎮痛剤の死のカクテルを飲んだ。そうすることで、プルーデンスとコートニー・ブラウンのいうヘール・ボップ彗星といっしょに飛んでいる物体に乗って、人間以上のレベルへつれていってもらえると信じていたからである。

「ひどい事件だったわ」とプルーデンスはいった。「あれは……」

彼女は口をつぐんで、頭をかかえ、遠くのほうへ目をやった。

「彼らは自分たちが彗星といっしょに飛んでいる物体に合流すると信じていたの」と彼女はいった。

「なるほど」とわたしはいった。

「あの人たち全員が」

「うーん」とわたし。

「話すのはつらいわ」と彼女はいった。「実際、どういえばいいのかわからないの」

「あなたはあの興奮状態が、その、集団自殺につながるとは知るよしもなかったと思いますが」

「遠隔視ができる人間なら前もってそのことを予知できたはずだと思っているんでしょうね」とプルーデンスはいった。

〝伴星〟の写真を撮ったチャック・シュラメクは二〇〇〇年に癌で亡くなった。四十九歳だった。彼の死後、子供時代の友人でグレッグ・フロストという男が《UFOマガジン》誌に、チャックはずっと悪ふざけの常習犯だったと語った。「あるときわたしは、彼が自分の声をワープの達人である金星人ゾンターのように変えるフィルターを使って、だまされやすいアマチュア無線の愛好者たちと通信している場面に居合わせたことがある。チャックは自分が金星からきた宇宙エイリアンだと彼ら全員に信じこませた」

わたしの推理では、チャック・シュラメクはアート・ベルの番組でエド・デイムズの話とその後のコートニー・ブラウンの話を聞いて、遠隔視能力者たちにいたずらを仕掛けようと決心したのである。そこで彼は写真に細工をすると、婚約者のディーに電話でプルーデンスと連絡を取らせた。もし実際にそうしたことが起きたのだとしても、わたしにはディーが計略にかかわっていたのかどうかわからない。

アート・ベルはプルーデンスとコートニー・ブラウンに二度とふたたび自分の番組に出演す

ることを禁じた。エド・デイムズ少佐はいまでも定期的に登場する人気のゲストである。アート・ベルはいつも彼のことを、「エドワード・A・デイムズ陸軍少佐、いまは退役していますが、勲章を受けた軍情報将校であり、アメリカ陸軍の遠隔視訓練計画の原型に当初からメンバーとして参加、DIAつまり国防情報局のPSIINTつまり超能力情報収集部隊の訓練および作戦担当官で……」

軍事略語というのはじつに人を魅了する。

本書を執筆している時点で、いちばん最近エド・デイムズがアート・ベルの番組に出演したのは、二〇〇四年の春である。彼は聴取者にこう語った。「さて、これが重要なところです。みなさんお休みになる前に、これを聞いてください。スペースシャトルの一機が流星雨のせいで不時着するところを目撃したら、それは終わりのはじまりです。それは前触れなのです。そのあとすぐに、地球で地球物理学上の大変動がはじまり、地軸のゆらぎと、たぶん完全な極転移《ポール・シフト》を引き起こすでしょう」

「驚いたな！」とアート・ベルがさえぎった。「それを生きのびられる人間はいるんですか、エド？　それとも、誰も生きのびられないんですか？」

「われわれは、かりかりに焼かれることになる二十億の人間を見ています」とエドは答えた。

しかし、わたしはある種の皮肉めいた態度がアート・ベルの最近のデイムズ少佐とのインタビューにしのびこんでいることに気づいている。近ごろではアート・ベルは、うっとりするような軍事略語にまぎれこませて、デイムズ少佐のことをときどき「人類滅亡博士」と呼んでいるのだ。

コートニー・ブラウン博士の〈ファーサイト協会〉は、集団自殺後の数カ月で生徒数が三十六から二十に減り、さらに八に減って、ついにはまったく生徒がいなくなってしまった。彼はインタビューを受けるのをやめた。彼は七年間ずっと、事件について語っていない（彼はもう一度だけアート・ベルの番組に出演して、どなりつけられたと思う）。わたしは二〇〇四年の春に彼のもとをおとずれた。

彼はまだアトランタに住んでいて、いまはひどく痩せている。彼はわたしを彼の地下室に入れてくれた。

「〈天国の門〉だって？」と彼はいった。

彼は少しのあいだ、それが何者だったかよく思いだせない様子だった。彼は革の肘あてがついたツイードのジャケットを着ていた。

「〈天国の門〉だって？」と彼はもう一度いった。その表情を見れば、彼がいかにもぼんやりした学者らしい記憶力の持ち主で、わたしは少し彼に辛抱しなければならないことがわかった。「ああ！」と彼はいった。「ああ、そうだ。あれは興味深いグループだった。連中は宦官《かんがん》だったんだ。新聞にそう書いてあった。連中は自分たちを去勢して、最後には自殺したんだ」

ブラウン博士は黙りこんだ。

「まるで〈人民寺院〉のリーダー、ジム・ジョーンズのようだった」と彼はいった。「連中の指導者はたぶん年老いつつある頭のおかしな男で、目の前でグループが崩壊していくのを見て、たぶん決着をつける機会を探していたのだろう」

ブラウン博士は眼鏡をはずすと、目をこすった。

「宦官とはね！」彼はそっけなく笑うと、首を横に振った。「人々に自分自身を去勢させるにはきわめて強力な心理コントロールが必要だ。そして彼は好機をとらえて、最終的に全員を自殺させた。その、なんだ。あれは興味深いグループだった。野蛮きわまりないグループだった。みんな頭がどうかしていたんだ。あれは……あれは起きるべくして起きた悲劇だ」

ブラウン博士はハーブティーをいれてくれた。

彼はいった。「わかってもらいたいんだがね、わたしは学者なんだ。大衆を相手にする教育は受けていない。わたしは実社会という学校で、大衆を相手にしないほうがいいことを学んだ。情報を与えるべきではないというのではないが、彼らは実際、じつに奇妙な形で反応するんだ。彼らはおびえたり、興奮したり、興奮しすぎたりする。学者はそのことをいともたやすく忘れてしまうんだ。われわれは数学の教育を受けている。科学の教育も受けている。だが、大衆についての教育は受けていないんだ」

彼は言葉を切った。

「大衆はじつに乱暴だ」と彼はいった。「手におえないほど乱暴なんだ」

それから彼は肩をすくめた。

「わかってもらいたいんだがね」と彼はいった。「わたしは学者なんだよ」

7　紫色の恐竜

フォート・ブラッグ基地の山羊たちから道を五百ヤードほど歩くと、大きな灰色の近代的な煉瓦の建物があって、その正面には〈C中隊　第九心理作戦大隊　H-3743〉という看板が立っている。

これがアメリカ陸軍の心理作戦本部である。

二〇〇三年五月、第一地球大隊の哲学の一断片が心理作戦部隊によって実行に移された。場所は、シリアとの国境に面したイラクの小さな町アル・カイムの使われていない鉄道駅の奥で、ジョージ・W・ブッシュ大統領が「主要な戦闘の終結」を宣言した直後のことだった。

話は二人のアメリカ人が出会ったところからはじまる――一人はアダム・ピョーリーという《ニューズウィーク》誌のジャーナリストで、もう一人はマーク・ハドセルという心理作戦部隊の軍曹だった。

アダムは心理作戦部隊のハンヴィー四輪高機動車に便乗して、多国籍軍の検問所を通過し、町へ通じる幹線道路の標識を通り過ぎて、アル・カイムの町に入っていった。標識は銃弾で穴だらけにされ、傾いて、いまや〈ア　カ　ム〉としか読めなくなっていた。彼らは警察署の前で車を止めた。アダムがイラクにきて二日目のことである。彼はこの国のことをなにも知らないも同然だった。彼はどうしても小便がしたかったが、警察署の前や茂みに小便をしたら、誰かを怒らせるかもしれないと心配だった。イラクでは立ち小便に関するしきたりはどうなっているのだろう？　アダムはハンヴィー高機動車でとなりに座っている心理作戦部隊の兵士に自分の心配を打ち明けた。これは心理作戦部隊の仕事である——敵の心理と習慣を理解し、それを利用することは。

「だったらフロントタイヤに向かってしてください」と兵士はアダムにいった。

そこでアダムがハンヴィーから飛び降りると、ちょうどそのとき心理作戦部隊のマーク・ハドセル軍曹がぶらぶらとやってきて、彼を殺すとおどしたのである。

アダムはこの話をそれから二カ月後、ニューヨークの《ニューズウィーク》誌のオフィスでわたしに話してくれた。われわれは上階の会議室にいた。室内は最近の《ニューズウィーク》誌の表紙の引き伸ばし写真で飾られていた。〈なぜ彼らはわれわれを憎むのか〉という見出しの下で銃を持つ覆面姿のイスラム原理主義者。〈われわれが力を得る場所〉という見出しをつけられたホワイトハウスのブッシュ大統領夫妻。アダムは二十九歳だったが、それより若く見え、この事件を物語るあいだちょっと震えていた。

「つまり、こうしてぼくはあの男と出会ったわけだ」とアダムはいって、笑い声をあげた。「彼はぼくに、撃たれたいのか、といった。そこで、ぼくはあわててジッパーを上げて……」

「そういったとき、彼は笑っていたかい？」とわたしはたずねた。

わたしは、ハドセル軍曹なる人物が、親しげな笑顔を顔いっぱいに浮かべて、撃たれたいのかとアダムにたずねるところを想像した。

「いいや」とアダムは答えた。「彼はただ、『撃たれたいのか？』といったんだ」

アダムとハドセル軍曹は結局友だちになった。二人はアル・カイムの使われていない鉄道駅に設営された心理作戦部隊の中隊指揮センターでいっしょに寝泊りし、DVDの貸し借りをした。

「彼はじつに勇猛果敢なタイプの男でね」とアダムはいった。「中隊長はよく彼のことを〈サイコ・シックス〉と呼んでいたよ。いつでも銃をぶっぱなす気でいたからね。まったく！　彼は一度、ある男に銃を向けて引き金を引いた話をしてくれた。銃には弾が入っていなくて、その男はパンツに小便を漏らしたそうだ。なぜその話をしてくれたのかわからない。だってぼくはそれが笑えるとは思わなかったからね。それどころか、ちょっと歪んでいて、気味が悪いと思った」

「彼は笑えると思っていたのかな？」わたしはアダムにたずねた。

「笑えると思っていたんじゃないかな」とアダムは答えた。「ああ。彼はアメリカによって訓練された殺し屋だったのさ」

アル・カイムの住民たちはバグダッドが多国籍軍の手に落ちたことを知らなかったので、ハドセル軍曹と彼の心理作戦部隊がそのニュースを載せたビラを町にまくためにそこにいたのだった。アダムはいっしょについてまわって、心理作戦部隊の視点から「主要な戦闘の終結」を取材していた。

二〇〇三年五月はアル・カイムがひじょうに平穏だった月だった。その年の暮れには、アメリカ軍は都市でひんぱんにゲリラの爆弾攻撃を受けることになる。二〇〇三年十一月には、サダム・フセインの防空指揮官の一人アベド・ハミド・マウフーシュ少将が、まさにその使われていない鉄道駅で尋問を受けて死亡することになる（アメリカ軍の公式発表は「自然死」としている。「マウフーシュの頭は尋問中、頭巾をかぶせられていなかった」）。

しかし、その時点では、町は平穏だった。

「あるとき、誰かが走りすぎざま、ビラの山をひっつかんでいった」とアダムはいった。「ハドセルは、今度そういうことが起きたら、その男を見つけて、こてんぱんにぶちのめし、二度とそういうことをしないようにさせるのがとても重要だと話した。それはたぶんアラブの文化を考慮することと関係があるんだろう。自分が強いことをしめさなければならないんだ」

ある夜、アダムが中隊指揮センターでぶらぶらしていると、ハドセル軍曹がゆっくりと近づいてきた。ハドセルはなにかをたくらむようにウインクをすると、こういった。「捕虜がいるあたりを見張りにいこう」

アダムは捕虜たちが鉄道駅の裏の操車場に収容されていることを知っていた。軍はそこに貨物コンテナの輸送隊を駐車していて、アダムがそちらのほうへ歩いていくと、まぶしい点滅灯を見ることができた。音楽も聞こえてきた。ヘヴィ・メタル・バンド、メタリカのヒット曲〈エンター・サンドマン〉だ。

遠くから見ると、少し奇妙でどこか邪悪なディスコが貨物コンテナのあいだで開かれているようだった。音楽は妙にかん高く薄っぺらに聞こえ、照明はわびしく点滅をくりかえしている。

アダムは照明のほうへ歩いていった。照明はじつに明るかった。照明を持っているのは若いアメリカ兵で、彼はそれを貨物コンテナに向かってただえんえんと点滅させていた。〈エンター・サンドマン〉がコンテナ内部で鳴り響き、鉄の壁にあたって激しく反響していた。アダムはちょっとそこに立って、見守っていた。

音楽が終わり、すぐにまたはじまった。

照明を持っていた若い兵士がアダムのほうへ目をやった。彼は点滅をつづけながら、こういった。「いますぐ立ち去らなきゃだめだ」

「笑わせるね！」とアダムは《ニューズウィーク》誌の会議室でわたしにいった。「それが彼の使った言葉だったのさ、『立ち去らなきゃだめだ』」

「コンテナのなかは見たかね？」わたしは彼にたずねた。

「いいや」とアダムは答えた。「そいつが立ち去れといったんで、ぼくは立ち去った」彼は口ごもった。「でも、なかでなにがおこなわれていたかはある程度明白だった」

アダムは携帯電話で《ニューズウィーク》誌を呼びだし、いくつかのネタを売りこんだ。編集部が気に入ったのは、メタリカのネタだった。

「ぼくはこのネタをユーモラスな記事に仕上げろといわれた」とアダムはいった。「編集部では曲目の完璧なリストをほしがった」

そこでアダムはそこらじゅう聞いてまわった。その結果、貨物コンテナのなかで捕虜に向かって大音量で浴びせられている曲には以下のものがふくまれていることがわかった。メタリカの〈エンター・サンドマン〉、映画〈トリプルX〉のサウンドトラック、「バーン、マザーファッカー、バーン」というフレーズがある歌。さらに、もっと驚くべきことに、紫色の恐竜バーニーが登場するテレビのお子さま番組〈バーニーと仲間たち〉の歌〈アイ・ラブ・ユー〉や、

〈セサミ・ストリート〉の歌などもふくまれていた。

アダムは記事をニューヨークにEメールで送り、そこで《ニューズウィーク》誌の編集スタッフが〈バーニー〉の関係者に電話でコメントを求めた。彼は電話口で待たされた。電話の保留音は、なんと〈バーニー〉の〈アイ・ラブ・ユー〉の歌だった。

その《ニューズウィーク》誌の編集スタッフが書いた記事の最終行はこうだった。「この歌はわれわれをも降参させたのである!」

わたしが二〇〇三年五月十九日にはじめて〈バーニー〉を使った拷問の話を聞いたのは、NBCのニュース番組〈トゥデイ〉で、「それでは最後に……」式の笑えるニュース種として放送されていた。

アン・カリー(ニュース司会者) イラクのアメリカ軍は、一部では残酷で異常と呼ばれている道具を使って、イラクの戦時捕虜の抵抗をくじこうとしています。たしかに、たくさんの親御《おやご》さんたちはその意見に賛成するでしょう! 捕虜たちの一部は紫色の恐竜バーニーが〈アイ・ラブ・ユー〉の歌をうたうのを二十四時間ぶっつづけでむりやり聞かされているのです……。

NBCは画面を〈バーニー〉の映像に切り替えた。紫色の恐竜が、いつも笑いをたやさないお友だちの演劇学校の子供たちのあいだを飛びまわっている。スタジオの全員が笑った。アン・カリーは「かわいそうな捕虜さんたち」といわんばかりのこっけいな口調になってニュースを伝えた。

アン・カリー　……そう《ニューズウィーク》誌は報じています。あるアメリカの工作員は《ニューズウィーク》誌に対して、自分はバーニーの歌を四十五分ぶっとおしで聞いたが、二度とぜったいにあんな目にはあいたくはないといったそうです！

スタジオ　（笑い声）

アン・カリーは共同司会者のケイティー・コーリックのほうを見た。

アン・カリー　ケイティー！　いっしょに歌って！

ケイティー・コーリック　（笑いながら）とんでもない！　たぶん彼らは一時間ぐらいで秘密をぶちまけるでしょうね、そう思わない？　さて、外のアルに天気を聞いてみましょう。

アル・ローカー　（気象予報士）　それに、もしバーニーがだめなら、〈テレタビーズ〉に切り替えればいい。それで彼らはごきぶりみたいにいちころだ……！

これは第一地球大隊だ！　とわたしは思った。

わたしは、音楽を一種の心理的拷問として利用するという発想が、ジム・チャノンの『第一地球大隊作戦マニュアル』の結果として軍内部で広まり、完成されたのはまちがいないと思った。ジムが現われる前には、軍隊の音楽はマーチングバンド的な分野に限定されていた。すべてが華々しさや兵士たちを鼓舞するためのものだった。ベトナムでは、兵士たちはワーグナーの〈ワルキューレの騎行〉を自分たちに向けてがんがん流し、戦意を高揚させた。しかし、戦場で「てんでんばらばらのアシッド・ロック」のような「不協和音」を放送して敵を混乱させるために拡声器を使うという発想や、同様の音を尋問の分野でも利用することを思いついたのはジム・チャノンである。

わたしにわかっているかぎりでは、ジムはこうした発想の一部を、一九七八年に〈内なる平和のための音楽〉といった環境音楽の作曲家であるスティーヴン・ヘルパーンと会ったあとで得ている。そこでわたしはジムにすぐさま電話をかけた。

「ジム!」とわたしはいった。「イラクの捕虜に〈バーニー〉のテーマ曲を浴びせるというのは、第一地球大隊の遺産の一つだと思いますか?」

「なんだって?」とジムはいった。

「イラクでは人々を狩り立てて貨物コンテナへつれていき、何度も子供向けの音楽を浴びせかけ、まぶしい光をくりかえし点滅させているんです」とわたしはいった。「これはあなたの遺産の一つでしょうか?」

「そうとも!」とジムはいった。その声はわくわくしていた。「それを聞いてじつにうれしいよ!」

「なぜです?」とわたしはたずねた。

「彼らはあきらかに、状況を明るいものにしようとしている」と彼はいった。「そして、殴り殺すかわりに人々にいくらかの安らぎを与えようとしているんだ！」彼はため息をついた。「子供向けの音楽とはな！　おかげで捕虜たちは自軍の位置をもっと漏らしやすくなり、戦争が短くなる。じつにみごとだ！」

わたしはジムが、使われていない鉄道駅の裏手の鉄製コンテナではなく託児所のようなものを想像していたのだと思う。

「〈バーニー〉や〈セサミ・ストリート〉を一度か二度聞かせたのなら、気が楽になって安らげるでしょうがね」とわたしはいった。「でも、砂漠の暑さのなかで鉄の箱に向かって、たとえば五万回も流したら、それはもっと……なんというか……拷問に近いのではないですか？」

「わたしは心理学者じゃないんだ」とジムは少しとげとげしくいった。

彼は話題を変えたがっているようだった。まるで、自分の構想がアル・カイムの鉄道駅の裏手でそういうふうに実現していることを認めたくないように。その態度は、自分の孫が悪さをするなどということを認めたくない祖父母を思わせた。

「しかし、音楽を利用するというのは……」とわたしはいった。

「それはたしかに第一地球大隊の業績だ」とジム。「音楽の利用法に軍の目を開かせたんだ」

「では、これはみんな、人々をしゃべらせるためのものなのですね……その、どういった具合に？」

「心理的精神的な面においてだ」とジムはいった。「殴られることへの根本的な恐怖のほかに、われわれは心理的精神的な部分を持っている。だったら、それを利用してもいいではないか？　人間がなにかをいうかいわないかを実際に決める場所へ直接働きかけてもいいだろう？」

「では、あなたは確かだと思いますか？　第一地球大隊が軍の組織にどれほど広まっているかについて知っていることから考えると、〈バーニー〉や〈セサミ・ストリート〉をイラク人に浴びせるのは、あなたの遺産の一つであると？」

ジムはちょっと考えてから、こう答えた。「ああ」

クリストファー・サーフは二十五年間、〈セサミ・ストリート〉のために歌を作ってきた。マンハッタンにある彼の大きなタウンハウスは、ビッグ・バードに腕をまわしたクリストファーの写真といった〈セサミ・ストリート〉の記念品がいっぱいにつまっている。

「まあ、わたしが歌を作ったときには、まちがいなくそんなことは予想しなかったな」とクリストファーはいった。「正直なところ、わたしの最初の反応はこうだった。『おいおい、わたしの歌はそんなにひどいかい？』」

わたしは笑った。

「一度バートとアーニーのために〈ゴムのアヒルを置きなさい〉という歌を書いたことがあるがね」と彼はいった。「あれならバース党の尋問係たちの役に立ったかもしれない」

「おみごと」とわたしはいった。

「このインタビューは」とクリストファーはいった。「アルファベットのWとMとDがきみのところへ運んできたんだね」（WMDは大量破壊兵器の頭文字）

「おみごと」

わたしたちは二人とも笑い声をあげた。

　わたしは一息ついた。

「それで、イラクの捕虜たちは、重要な情報を漏らすと同時に、新しいアルファベットや数字を学んでいると思いますか？」とわたしはいった。

「そうだな、だとしたらじつにすばらしいおまけじゃないかね？」とクリストファーはいった。

　クリストファーはわたしを二階のスタジオへつれていき、〈セサミ・ストリート〉のために作った歌の一つ、〈ヤー！　ヤー！　これが山だ！〉を聞かせてくれた。

「〈セサミ・ストリート〉の制作スタイルではね」と彼は説明した。「歌が役に立つか、子供たちがちゃんと学習しているかどうかをテストする教育調査員がいるんだ。ある年、わたしは山とはどういうものかを説明する歌を書いてくれとたのまれたので、山とはなにかについて馬鹿馬鹿しいヨーデル風の歌を書いた」

　クリストファーはその歌をちょっと歌ってくれた。


　ウンパッパ！

　ウンパッパ！

　ヤー！　ヤー！　これが山だ！

　地面の一部が高くつきだしているのさ！


「ともかく四〇パーセントの子供たちはこの歌を聞く前に山とはどういうものかを知っていた。そして、歌を聞いたあとでは、山がどういうものかわかっていたのは約二六パーセントの子供だけになっていたんだ。制作サイドとしてはそれだけでじゅうぶんだった。きみもいまや山とはどういうものかわからないだろう？　頭から消えてしまったんだ！　だから、もしわたしがこうした歌を書くことで人々の脳から情報を吸いだす力があるとしたら、ことによるとこれをＣＩＡの洗脳テクニックに役立てられるかもしれないね」

ちょうどそのとき、クリストファーの電話が鳴った。彼の音楽出版社であるＢＭＩの弁護士からだった。わたしはクリストファー側のやりとりに耳をかたむけた。

「本当かい？」と彼はいった。「なるほど……では、理論的には彼らはそれを記録に残さなければならないし、わたしは捕虜一人につき数セントを得るべきであると、そうだね？　わかった。それじゃあ……」

「なんの話だったんです？」わたしはクリストファーにたずねた。

「わたしが演奏の著作権使用料としていくらかお金をもらう権利があるかどうかさ」と彼は説明した。「なぜいけない？　これはアメリカ式のやりかただよ。もしわたしがほかの人間より早く効果的に人を狂わせる歌を書く才能を持っているなら、なぜそこから利益を得てはいけないんだね？」

これが理由で、クリストファーはその日しばらくしてから、ダニー・エプスタインに家へくるようにたのんだ。ダニーは一九六九年七月にいちばん最初の番組が放送されて以来ずっと〈セサミ・ストリート〉の音楽監督を務めている。軍がミュージックキューシートを提出するのをおこたったことが証明されたら、著作権使用料を軍から徴収するのはダニーの役目になる。

ダニーとクリストファーは一時間ほどかけて、もしクリストファーの歌が――彼の推定どおり――一度に最大三日間、貨物コンテナのなかでずっと反復して流されていたら、彼はいくらもらう権利があるかを正確に計算しようとした。

「三日間で一万四千回かそれ以上だ」とクリストファーはいった。「ラジオの演奏だったら、反復して流れるたびに一回三セントか四セントは入ってくる、そうだね？」

「まさに金のなる木というわけだ」ダニーは同意した。

「わたしもそう考えていた」とクリストファーはいった。「われわれは祖国を助け、同時に大儲けできるというわけだ」

「そのレートで払うだけの金がプールしてあるとは思えないな」とダニーはいった。「もしわたしがASCAP（アメリカ作曲作詞出版家協会）にかわって交渉することになったら、これはテーマ曲かジングルのカテゴリーに入るというよ。ちょっと値切る《ノック・ダウン》というわけだ……」

「それはいいえて妙だな。捕虜たちが音楽を聞いてぶっ倒《ノック・ダウン》れているという証拠があるわけだから」とクリストファーは返した。

　われわれはみんな笑った。

　会話は皮肉から、ちょっと金を稼ぎたいという本物の欲求へとぎごちなく移ろうとしているようだった。

「それに、尋問室は一つだけじゃない」とダニーはいった。「十数部屋あったら、われわれは大金の話をしていることになる。これにはスポンサーはついていないのか？」

「いい質問だ」とクリストファーはいった。「スポンサーは国だろう。もしそうであってもなくても、わたしは金をもらえるんだろう？」

「ところで、イスラエルの情報機関モサドには特別料金を用意するかね？」とダニーはたずねた。

われわれは笑い声をあげた。

「著作権使用料を徴収すべきだな」とクリストファーはいった。「もし直接軍のために歌を書いていたら、彼らはわたしに金を払っただろう？」

「いいや」とダニーはいった。「きみは軍に徴用されたかたちになっただろう。きみは彼らに使われることになる」

「でも、このケースではわたしは徴用されたわけじゃなかった」

「わたしにもよくわからない」とダニーはいった。「もし軍がきみを必要としたら、きみは市民として徴用されて働かされるんだ」

「だったら、わたしに志願を求めることだってできたんだ」とクリストファー。

彼はいまやずっと真剣になっていた。ダニーは眼鏡をはずして、目をこすった。

「危機がおとずれているときに音楽を使ったといって金をほしがるのは」とダニーはややあっていった。「ちょっとさもしいようにわたしには思えるがね」

そして二人は、こらえきれずに笑いころげた。

二〇〇三年の晩秋、たくさんのファックスとEメールをやりとりし、国防総省とアメリカ大使館でいろいろな係官によって保安審査を受けたあとで、心理作戦部隊は彼らのCDコレクションをわたしに見せてくれることに同意した。

《ニューズウィーク》誌のジャーナリスト、アダム・ピョーリーは、捕虜に浴びせるために使われている歌の演奏リストはこの心理作戦本部で選曲されているといっていた。コレクションは、フォート・ブラッグ基地のなかほどにある低い煉瓦の建物に入った一連のラジオ番組制作室に収蔵されていた。その建物は、〈山羊実験室〉があると噂されている場所から道を五百ヤードほどいったところにあった。わたしはよろめいたり足をひきずったりする山羊を見つけられるのではないかと期待して窓の外へ目をやりつづけたが、なにも見あたらなかった。

心理作戦部隊は手はじめに、効果音のCDを見せてくれた。

「基本的には」とわたしをきょう案内してくれる軍曹が説明した。「敵の部隊に、実際には存在していないものの音を聞いていると思わせる欺瞞です」

効果音のCDの一つには、〈半狂乱の女が「うちの旦那はずっとあなたが嫌いだったの」という〉というラベルが貼ってあった。

「CDをまとめ買いしたもので」と軍曹は説明した。

わたしたちは笑った。

べつのCDには〈馬の大群が速足で通りすぎる〉とあり、わたしたちはもう一度笑うと、三百年前ならこれは使えたが、いまはだめだといった。

それから彼は使えるCDをかけてくれた。〈戦車の騒音〉である。

ラジオ番組制作室いっぱいに戦車のごろごろという音が響きわたった。音はあらゆる方向から同時に聞こえてくるようだった。軍曹の説明によると、心理作戦部隊はときどき敵の東側の丘に隠れて、戦車の騒音を浴びせ、そのあいだに本物の戦車隊がもっと静かに西側から進撃するのだという。

それから、彼はアラビア音楽のCDを見せてくれた（「うちの分析官と専門家たちは、庶民に人気があって文化的に有意義と思われるものに親しんでいます。それに住民にアピールするためにもその音楽を購入しているんです」）。それから、アヴリル・ラヴィーンとノラ・ジョーンズのCDコレクションも。

「敵対的な国でどうアヴリル・ラヴィーンを使えばいいのかな？」とわたしはたずねた。

沈黙があった。

「世界の一部では、欧米の音楽が人気なんですよ」と彼は答えた。「われわれは流行に乗り遅れないようにしています」

「演奏リストを選曲しているのは誰です？」

「うちの分析官です」と彼は答えた。「うちの専門家と協議のうえで」

「どの国の？」

「その件には立ち入りたくありません」と彼はいった。

わたしの心理作戦部隊見学ツアーは、よくリハーサルされたあわただしいものだった——訪れた高官や議員が案内されるのと同じツアーである。心理作戦部隊の兵士は、ビラをデザインしたり、CDを制作したり、拡声器を使ったり、公式訪問のためにすばやく整列したりする方法を心得ている。

彼らは、ラジオ制作スタジオやテレビ制作スタジオ、〈グアンタナモ基地〉というラベルが貼られたビデオが棚にずらりとならぶ記録保管庫といったものを見せてくれた。わたしは兵士たちに心理作戦部隊の公式の役割を思いださせるポスターが壁に貼ってあるのに気づいた。「降伏勧告。群衆整理。戦術的欺瞞。擾乱活動。不正規戦。外国国内防衛」

彼らはビラの印刷工程とビラを入れる容器を見せてくれた。それは飛行機から投下され、空中で開いて、何万というビラを敵地にまき散らすようになっている。

アメリカ軍はビラに関してはつねにイラク軍の上をいっていた。最初の湾岸戦争の初期には、イラクの心理作戦部隊がアメリカ軍に、心理学的に甚大な被害をもたらすように考案されたさまざまなビラをまいた。その一つにはこう書いてあった。〈おまえの妻は故郷でバート・シンプソンやバート・レイノルズとセックスをしているぞ〉

それからわたしは心理作戦部隊の会議室に案内され、そこで専門家や分析官たちに紹介された。何人かは軍服姿だった。ほかの者たちは愛想がいいインテリのような感じで、眼鏡をかけ、ビジネス・スーツを着ていた。

専門家たちはほんの一、二カ月前に心理作戦部隊のヘリコプターからイラク軍部隊にばらまかれたビラをいくつか見せてくれた。一つにはこうあった。〈大量破壊兵器の使用で得をする者は誰もいない。大量破壊兵器の使用を選んだ部隊は、多国籍軍によって即座に手痛い報いを受けるだろう〉

「この製品《プロダクト》は」と一人の専門家が説明した。「彼らの満たされていない欲求とわれわれが望んでいる行動とをはっきりと結びつけています」

「どういうことですか？」とわたしはたずねた。

「彼らの満たされていない欲求とは、手痛い報いを受けたくないということです」と彼はいった。「そして、われわれが望んでいる行動とは、彼らに大量破壊兵器を使ってもらいたくないということです」

わたしはうなずいた。

「われわれのもっとも効果的な製品は、あちらの満たされていない欲求とこちらの望んでいる行動を結びつけたものです」と彼はいった。

沈黙があった。

「そして、大量破壊兵器はアメリカ軍に対して使われませんでした」と専門家はつけくわえた。

「だから、このビラはたぶん効果的だったのでしょう」

「あなたは本気で……？」とわたしはいいかけた。「いや、なんでもありません」

わたしはべつのビラを取り上げた。それにはこう書いてあった。〈きみたち国民は食料を与えられていない。きみたちの子供は飢えている。きみたちがみじめに暮らしているというのに、サダムの将軍たちは肥え太り、サダムは連中を戦える体形にしておくために罰金を科さねばならないのだ〉

わたしはこのビラを読みながら、デイヴという心理作戦部隊の分析官と短い会話をかわした。彼は軍服を着ていなかった。愛想のいい中年の男だ。彼がわたしにいったことは、そのときは取り立てて意味があるように思えなかったので、わたしはただうなずいて微笑んだ。そのあと、わたしは会議室から追い立てられ、オーク材張りのオフィスへ押しこまれた。そこでカーキ色の軍服を着たハンサムな長身の男がわたしと握手して、こういった。

「やあ、わたしはジャック・N大佐です……」

彼は警戒心を解くように顔を赤らめた。

「N！」彼は笑った。「ミドルネームです！　ジャック・N・サム。わたしはノースカロライナ州フォート・ブラッグ基地の第四空挺心理作戦群の群長です」

「あなたは心理作戦部隊全体の責任者なんですか？」とわたしは彼にたずねた。

わたしの手はまだ元気よく上下に振られていた。

「わたしはアメリカ軍の現役の心理作戦群の責任者です」と彼はいった。「われわれの仕事は、マルチメディア技術を使い、敵を説得してアメリカの政策を支持させ、戦場をもっと安全にすることです」

「サム大佐」とわたしはいった。「アル・カイムの貨物コンテナのなかで心理作戦部隊が〈バーニー〉と〈セサミ・ストリート〉を使っている件について、なにか教えていただけますか？」

サム大佐はあわてなかった。

「わたしは統合参謀本部にいて、七月十七日に第四心理作戦群の群長に着任しましたので、イラクに作戦展開して、われわれがどのレベルで業務をおこなっているか調べることがまだできていないのです」彼は言葉を切って、ごく短く息をつくと、先をつづけた。「われわれは支援部隊として従軍しています。要請があったときには――緊急の要請が――われわれは心理作戦部隊を支援のため前方に送ることになっています。心理作戦部隊が展開すると……」

サム大佐の言葉は、機関銃の銃火のようにぽんぽんと吐きだされ、わたしの頭のまわりでぐるぐると回った。わたしは笑みを浮かべて、うつろな表情でうなずいてみせた。

「……われわれはつねに指揮官の支援役です。先任指揮官や機動指揮官や戦域指揮官が心理作戦部隊の将校であることはぜったいにありません。われわれはつねに支援部隊なのです。ですから、われわれが心理作戦部隊をある指揮官に配属したら、その指揮官はまさにその理由から心理作戦部隊の拡声器の能力が利用されることを認識しているでしょう……」

わたしはうなずきつづけた。サム大佐はわたしになにかをいおうとしているのに、それをわたしには理解できないようなやりかたでいっているような感じだった。わたしは話に集中できなくなり、怪我をした山羊を見つけられないかと虚しい期待をこめて窓から外の芝生に目をやりながら、ことによると大佐はある種の心理作戦をわたしに仕掛けているのかもしれないと思った。

「もし野戦に戦闘部隊がいれば、わたしは心理作戦部隊の能力がそうした戦闘部隊の支援に使われるところを見ることになるでしょう。あなたがちょっといわれた別種の任務とはまったくちがって」

それからサム大佐は咳払いをして、また握手すると、わたしの関心に感謝し、それからわたしはドアから追いだされた。

8　〈プレデター〉

サンディエゴのキャンプ・ペンドルトン海兵隊基地で徒手格闘を教えていた武術の達人ピート・ブルッソは、ジム・チャノンの『第一地球大隊作戦マニュアル』を「端から端まで」読んでいた。わたしと会うわずか一週間前の二〇〇四年三月には、ジムと長時間電話で話して、第一地球大隊の原則が現在のイラクでどう使われているかについて話し合ったという。ピートは「たったいま」イラクには「わたしの工作員が何人も」いる、とわたしに語った。

われわれは十六万七千ドルもするピートのハマーH1に乗って、キャンプ・ペンドルトン基地のなかを走っていた。ナンバープレートには、〈わたしのもう一台の愛車は戦車です〉と書いてある。ピートのハマーは映画〈チキ・チキ・バン・バン〉の車の悪夢版を思わせた。なにしろ、水を泳ぐことも、地球上でもっとも危険な地形を苦もなく踏破することもでき、車体のいたるところに武器を搭載できるのである。ピートは最新の音響システムを見せつけるために音楽をめいっぱい大きくした。彼は大音量で、じつに澄んでいるが、不思議な歌を聞かせてくれた。それは基本的には〝ブリン・ブロン・ブリン・ブロン〟というメロディーのくりかえしだった。

「これは自分で作曲したんだ」とピートは叫んだ。

「なんですって？」とわたしはいった。

ピートは音楽を小さくした。

「わたしはこれを自分で作曲したんだ」と彼はいった。

「興味深いですね」とわたしはいった。

「なぜ興味深いか教えてあげよう」とピートはいった。「これは盗聴を阻止するんだ。誰かがこのハマーに盗聴器を仕掛けていたら？　音楽を大きくするだけでいい。盗聴装置は太刀打ちできない。通常スパイは盗聴テープを処理して、音楽を取りのぞき、会話を聞くことができる。しかし、この音楽では無理だ」

ピートは、ガイ・サーヴェリがかつてフォート・ブラッグ基地で特殊部隊のためにやっていたことを、キャンプ・ペンドルトン基地でアメリカ海兵隊のためにやっている。彼は第一地球大隊の次元で彼らに武術のテクニックを教えている。しかし、ガイとちがって、ピートは元軍人である。カンボジアで十カ月間、戦ったのである。彼はその実戦経験のせいで、山羊を見つめるガイの能力を鼻で笑っている。戦場で狂暴な山羊が襲いかかってくることはない。ガイの山羊にらみは伝説的かもしれないが、基本的にはパーティの手品である。

それからピートは音楽を大きくして、わたしに秘密をしゃべってくれたが、わたしには一言も聞き取れなかった。そこで彼はふたたび音量を落とし、もう一度話してくれた。その秘密とは、彼とガイ・サーヴェリが競争相手であるということだった。軍の司令官たちは、9・11同時多発テロ以降の強制的な武術訓練プログラムを考えていた。二人の先生《センセイ》――ピートとガイ――は、軍からの受注を競い合っていたのである。ピートは勝負にならないとあっさりいった。

パーティの手品が得意なガイのような民間人を軍が本気で求めるだろうか？一言でいえば、ピートは現実主義者である。彼は第一地球大隊を高く評価していたが、ジム・チャノンの発想に手をくわえて、戦場の海兵隊員の役に立つように応用することに手を染めていた。

わたしは、役に立つ応用の例を教えてもらいたいと彼にたのんだ。

「いいだろう」と彼はいった。「きみの目の前に暴徒の一団がいるとする。きみは一人きりだ。きみはやつらを思いとどまらせて、自分を攻撃しないようにさせたい。きみはどうする？」

わたしはわからないとピートに答えた。

答えは心理的な領域にある、とピートはいった——とくに、視覚的美意識を利用して、攻撃をためらう気持ちを敵の心理に植えつけることにあるのだと。

「もっと具体的にいってもらえますか？」とわたしはたのんだ。

「いいだろう」とピートはいった。「やつらの一人をつかんで、目玉をほじくり出し、首にナイフをつきたてて、血を噴水のように噴きださせ——文字通り噴水のように——仲間たちの上に血の雨を降らせるんだ。仲間たちの目の前でやつを徹底的にぶちのめすんだ」

「なるほど」とわたしはいった。

「でなければ、肺をやるんだ」とピートはいった。「胸をざっくりと切り開く。そうすれば、肺が空気をいっぱいに吸いこんでぶくぶくと血の泡をたてることになる。顔をナイフでえぐってもいい。賢いやりかたはこうだ。ナイフを鎖骨の内側につきたてる。そうすれば、首のそちら側から大部分の組織をはぎ取ることができる。首筋から脳幹を切り離す。物理的には大した動きはいらない」ピートは言葉を切った。「いいかね、わたしがやろうとしているのは、わたしを攻撃しようとしているほかの暴徒が心理的に攻撃をためらうような視覚的に強烈なものを作りだすことなんだ」

ピートは音楽を大音量にした。

「それは……」とわたしは叫んだ。

「なんだって?」とピートが叫び返した。

「……ジム・チャノンの発想の拡大解釈ですよ」とわたしはどなった。

ピートは音楽をまた小さくすると、しかたない、というように肩をすくめた。それが戦争なのだ。

われわれは格納庫の外で車を止めた。ピートの生徒が五、六人、彼を待っていた。われわれは格納庫内に入っていった。するとピートがいった。「わたしの首を絞めろ」

「なんですって?」とわたしはいった。

「わたしの首を絞めるんだ」とピート。「わたしはでぶの年寄りだ。わたしになにができる? さあ、首を絞めろ。いますぐ」

ピートは自分の首を指差した。

「さあ、絞めてくれ」彼はおだやかにいった。「絞めて、絞めて」

「ねえ」とわたしはピートにいった。「二人ともいまなにか証明しなければならないことはないように思うんですが」

「わたしの首を絞めろ」とピートはくりかえした。「〝わたしを攻撃してみろ〟」

彼は「わたしを攻撃してみろ」といったとき、指で宙に引用符を描いた。両手の二本の指を顔の両脇で曲げのばしする、あの侮蔑的なしぐさである。わたしはそれを見てちょっとかっとなった。わたしには比喩的な攻撃しかできないという意味だったからだ。たしかにそのとおりだったが、わたしはピートのことを数分しか知らなかったし、彼がわたしのことを早合点しているような気がした。

「もしわたしが本当にあなたの首を絞めようとしたら、どうするつもりです？」

「きみの思考パターンを中断しようとするだろう」とピートはいった。「きみの脳が自分の身になにが起きようとしているのかを理解するには零コンマ三秒かかる。そして、その零コンマ三秒がすぎたとき、きみはすでにわたしのものだ。わたしはきみに触って、それで片がつく。わたしは足を動かしさえしない。だが、わたしは自分をきみに投影し、きみは吹き飛ばされる」

「それでは」とわたしはいった。「もしわたしが本当にあなたの首を絞めることにしたら、わたしが海兵隊員じゃないことを忘れないでくださいね」

「首を絞めるんだ」とピートはいった。「絞めろ」

後ろを見ると、いくつものとがった角《かど》が目に入った。

「とがった角には飛ばさないでくださいよ」とわたしはいった。「とがった角には」

「わかった」とピート。「とがった角だな」

わたしは両手を上げて、ピートの首を絞める用意をしたが、自分の手が激しく震えているのを見てびっくりした。その瞬間まで自分たちが基本的には冗談をいいあっているのだと思っていたが、自分の手を目にして、そうではなかったことに気づいた。そのことに気づいた瞬間、身体のほかの部分が手といっしょに震えはじめた。わたしは信じられないほど弱々しく感じた。わたしは手を下におろした。

「首を絞めるんだ」とピートはいった。

「首を絞める前に、もう一つ二つ質問したいんですが」

「首を絞めろ」とピート。「さあ、こい。絞めるんだ。いいから、わたしの首を絞めろ」

わたしはため息をついて、ピートの首に手をまわすと、絞めはじめた。

わたしはピートの手が動くところを見なかった。わたしにわかったのは、両腋と首と胸が同時にひどく痛みだし、それから部屋を横切って吹き飛ばされ、二人の海兵隊員のほうへ飛んでいったこと、彼らがゆっくりとよけたこと、そして自分が尻餅をついたアイススケーターのようにとがった角のほうへ滑っていき、その角の数インチ手前でやっと止まったことだけだった。わたしは痛くてたまらなかったが、同時に感心してもいた。ピートはまさに暴力の大家だ。

「まいった」とわたしはいった。

「痛いかね？」とピートがたずねた。

「ええ」

「痛いのはわかるよ」とピート。彼はうれしそうだった。「とんでもなく痛いだろう？」

「そうです」

「きみは恐怖を感じただろう？　その前に？」

「ええ。その前にわたしは恐怖で力が抜けていましたよ」

「きみがそんなレベルの恐怖を感じるのは異例のことといっていいかな?」とピートはたずねた。

わたしはその質問を考えてみた。

「そうともちがうともいえますね」わたしはいった。

「くわしく説明してくれ」とピート。

「なにか悪いことが起きているとき、ないしは悪いことが起きようとしているとき、わたしはたしかにときどき恐怖を感じます」とわたしは説明した。「でも、その一方で、首を絞めるまでの過程でわたしが感じた恐怖の量は異常だったような気がします。わたしはまちがいなく、不自然におびえていました」

「なぜだかわかるかね?」とピートはいった。「きみのせいじゃない。わたしのせいだ。思考投射のせいなんだ。わたしはきみの頭のなかに入りこんだ」

ピートの説明によれば、これはジム・チャノンの発想を実際に役に立つように応用したもので、わたしはその実演のための生きた玩具だった。わたしは、仲間の首から噴きでる血の噴水を浴びせられたイラクの暴徒だった。わたしはハムスターだった。わたしは山羊だった。

するとピートはポケットから小さな黄色いプラスチックの塊を取りだした。とがった角となめらかな角があり、真ん中には穴が開いていた。子供の玩具のようだったが、見たところ楽しげなところはなにもなかった。ピートによれば、この黄色い塊は彼がデザインしたものだが、ジム・チャノンの発想を具体化したもので、現在イラクにいる第八十二空挺師団の全将兵がポケットに入れて携行しているほか、国防総省ではじきにアメリカ陸軍の全将兵のポケットにも入っているようにしたいと考えているということだ。この塊は「地球にやさしく、魂がこもっていて、望みうるかぎり人道的で、とがった先は身体に入りこみ、一瞬で生命を奪うことができ、そしてちょっと風変わりに見える。これこそ第一地球大隊なんだ」とピートはいった。

「これはなんという名前です？」わたしはたずねた。

「〈プレデター〉だ」とピートはいった。

それから一時間か二時間、ピートは彼の〈プレデター〉を使い、さまざまな方法でわたしのチャクラを痛めつけた。彼はわたしの指をつかんで、穴のなかに入れ、一八〇度ねじった。

「きみはもうわたしのものだ」と彼はいった。

「わたしを痛めつけるのはもうやめてください」

彼はわたしの頭をつかむと、耳にとがった先をつっこみ、まるで針にかかった魚のようにわたしを床から持ち上げた。

「お願いだ」とわたしはいった。「やめてください」

「ところで、これは偉大なイラクの物語なんだ」とピートはいった。

「耳の件が？」わたしは床から立ち上がって、身体からほこりを払いながらたずねた。

「ああ」とピートは答えた。

「イラクの物語と誰かの耳に〈プレデター〉をつっこむことと、どう関係があるんです？」わたしはたずねた。

ピートはわたしに話そうとしたが、われわれの近くに立っていた海兵隊の指揮官がかろうじてわかる程度に首を振り、ピートは口をつぐんだ。

「こういえばじゅうぶんだろう」と彼はいった。「立ちたがらなかったイラク人が立ったとな」

ピートは言葉を切った。「もうちょっと苦痛に服従してみたいか？」

「いいえ」とわたしは答えた。

ピートは〈プレデター〉のぎざぎざの角をわたしのこめかみの一部にこすりつけ、わたしが血も凍るような叫び声をあげると、今度はわたしの指をつかんで、なめらかな角に押しあて、ぎりぎりとねじり上げた。

「ちょっと待って！」わたしは悲鳴をあげた。

「このシナリオを思い浮かべるんだ」とピートはいった。「われわれはバグダッドのバーにいて、わたしはきみにいっしょにきてもらいたいとする。さあ、いっしょにくるかね？」

「わたしを好きほうだいに痛めつけるのはやめてくださいよ」とわたしはいった。

ピートは手をゆるめると、愛情をこめて〈プレデター〉を見つめた。

「こいつのすばらしいところは」と彼はいった。「地面に落ちているのを見つけても、誰もこれがなにかわからないということだ。こんなに破壊力を持っているのにな」

ピートはふと口をつぐんだ。「目玉だ」と彼はいった。

「やめてください！」とわたしは叫んだ。

「このちっちゃなもので簡単に目玉をえぐりだせるんだよ」とピートはいった。

ニューヨーク市のエンパイアステート・ビルの三十四階で、〈ヒューマン・ライツ・ウォッチ〉の事務局長であるケネス・ロスは、自分が当惑すべき状況に置かれていることに気づいていた。〈バーニー〉のニュースが報じられて以来ずっと、ジャーナリストたちが彼のコメントを求めて電話をかけつづけていたのである。これは人をひきつける現実離れしたジョークだったが、人の心をなごませる親しみやすさもあった。恐竜バーニーがからんでいれば、拷問もそれほどむごくは聞こえない。実際、ふだんはイラク戦争にほとんどおかしさも明るい話題も見いださない《ガーディアン》紙までが、二〇〇三年五月二十一日付けの記事で、こう書いているほどだ。

サダム挺身隊や共和国防衛隊の元隊員がいま味わっていることなどなんでもない。なるほど、彼らはバーニーの歌を聞かされている。どんな時間に？　真っ昼間？　大したことではない。何カ月もつづけて毎日毎日、夜明け前に眠っているところをひきずりだされ、バーニーのけばけばしい世界に投げこまれたら……そのときはじめて就学前の子供といっしょに暮らすという心理戦の恐怖を本当に知るのである。

これは戦争でいちばんおかしなジョークになっていた。アダム・ピョーリーの《ニューズウィーク》の記事が出て以来、インターネットにはバーニーの拷問にからめた皮肉がさかんに飛びかった。たとえば、「セリーヌ・ディオンの〈タイタニック〉の主題曲をえんえんと流しつづけるほうが、何億倍も残酷だ！　十分以内にすっかり白状するさ！」
また、べつの討論グループでは、「本当に口が固い連中には、十二時間のセリーヌ・ディオンが必要じゃないかな！」

わたしが目にした三つ目の討論グループには、つぎのようなメッセージが書きこまれていた。「なぜただひたすらセリーヌ・ディオンの歌を聞かせつづけなかったか？　だって、それじゃあ、憲法で禁じられている残酷かつ異常な刑罰になるからね！」などなど。

セリーヌ・ディオンが歌う映画〈タイタニック〉のテーマは、じつはイラクで流されていたが、その使われかたはちがっていた。心理作戦部隊の最初の仕事の一つは、バグダッドが陥落したらサダム・フセインが統制しているラジオ局を占領し、新しいメッセージを放送することだった――アメリカは大悪魔ではないという。彼らがそれを達成するために考えていた方法の一つが、〈タイタニック〉のテーマ〈マイ・ハート・ウィル・ゴー・オン〉をくりかえし流すことだった。こんなメロディーを作りだす国がそんなに邪悪ということがありうるだろうか？　これはわたしには「きらきら光る瞳」と「小羊」というジム・チャノンの構想そっくりに思えた。

アダム・ピョーリー自身は、恐竜バーニーの記事が与えた影響にかなり困惑したことをわたしに話してくれた。

「あのニュースはすさまじいほどの注目を集めた」と彼はいった。「ぼくがイラクにいたとき、ガールフレンドが電話をかけてきて、CNNのテロップにあのニュースが流れるのを見たといったんだ。ぼくは信じられなかった。なにかのまちがいにきまっていると思ったんだ。でも、そのあとFOXニュースがぼくにインタビューしたいといってきた。それから〈トゥデイ〉で放送されたと聞いた。そのあとぼくは軍の新聞《スターズ&ストライプス》に載っているのを見た」

「どう報じられていた？」わたしは彼にたずねた。

「ユーモラスに扱われていたよ」とアダムはいった。「いつもユーモラスにね。国境沿いの見捨てられた鉄道駅の、ごみ溜めみたいな居心地の悪い場所で、シャワーを浴びることもできず、折り畳みベッドに寝泊まりするというのは、かなり屈辱的な生活だ。なのに、やっと数日後にケーブルがつながったとき、画面に流れていたのはこの恐竜バーニーのニュースだったというわけさ」

〈ヒューマン・ライツ・ウォッチ〉のケネス・ロスは雰囲気を読める男だった。彼はジャーナリストへの応対がそっけなさすぎたら、自分がわからず屋のように思われることを理解していた。野暮な男のように思われるだろう。

そこで彼はわたしをふくめたジャーナリストにこういった。「うちには小さな子供がいます。だからバーニーのテーマソングで気が変になりそうになる気持ちはわかりますよ！〈アイ・ラブ・ユー、ユー・ラブ・ミー〉を大音量で何時間もくりかえし聞かなきゃならないとしたら、たぶんわたしもなんだって認めるでしょうね！」

するとジャーナリストたちは笑うが、彼はすばやくこうつけくわえる。「それに、わたしは音楽が流れているあいだ、その貨物コンテナのなかでほかになにがおこなわれていたのだろうかと思いますよ！ことによると捕虜たちは虐待されていたのかもしれない。裸にされて、頭に袋をかぶせられていたのかもしれない。鎖で縛られて、逆さづりにされていたのかもしれない……」

しかし、ジャーナリストたちが記事でそうした可能性に言及するのはまれだった。わたしがケネス・ロスに会ったときには、彼はあきらかに恐竜バーニーについて話すことに飽き飽きしていた。

「彼らはこの点ではじつに抜け目なかった」とケネスはいった。

「抜け目ない？」とわたしはいった。

彼は、戦後のイラクで起きている人権侵害全体をこの一つのジョークに単純化するために、恐竜バーニーのニュースが意図的にばらまかれたのだといっているように思えた。

わたしがこの考えを彼にぶつけると、彼は肩をすくめた。自分にはなにが起きているのかわからないと彼はいった。それが問題なのだと。

わたしにははっきりとわかっていたのは、あの夜アダム・ピョーリーに近づいて、「捕虜がいるあたりを見張りにいこう」といった心理作戦部隊のマーク・ハドセル軍曹が、その軽率な行動に対して軽い譴責《けんせき》しか受けなかったことである。ケネス・ロスの考えは正しいのだろうか？　恐竜バーニーがイラクの人々を拷問するために選ばれたのは、恐竜があの強烈なネタを提供してくれるという、ただそれだけの理由からだったのだろうか？　祖国の人たちに向けたこっけいなニュースを？

ロサンゼルス市内の丘のてっぺんに立つ警察の建物には、胡椒スプレーやスタンガンや臭気剤をずらりと収蔵した一室がある。ちなみに臭気剤とは、「糞や哺乳動物の死骸、硫黄や大蒜《にんにく》」の粉末をおさめた小さなカプセルで、「群衆を解散させる効果にすぐれ」、「人に嫌悪をいだかせる」という。こうしたものをわたしに見せてくれたのは、ロサンゼルス保安官局のシド・ヒール警視である。シドは、第一地球大隊のジョン・アリグザンダー大佐につぐ、アメリカ屈指の非殺傷性武器の唱道者である。

シドとアリグザンダー大佐――シドは大佐のことを「わたしの師」と呼んでいる――は、よくシドの家に集まって、各種の新型電撃装置をたがいの身体でテストしあっている。もし二人とも感心したら、シドはそれをロサンゼルスの法執行機関の装備に導入する。すると、いまや広く普及している〈テーザー〉スタンガンのように、その武器はときにアメリカ中の警察社会に広まる場合もある。そのうち誰かが、シド・ヒールとアリグザンダー大佐のおかげで警官に射殺されずにいまも生きている人間の数を計算するかもしれない。

シド・ヒールは新しい非殺傷技術を研究することに生涯を捧げてきたので、わたしは彼ならバーニーの拷問について知りつくしているだろうと思ったが、わたしが知っていること――点滅するライト、くりかえされる音楽、貨物コンテナ――を話すと、彼は困惑の表情を浮かべた。

「彼らがなぜそんなことをしているのかわからないんです」とわたしはいった。

「わたしにもわからないな」と彼はいった。

沈黙があった。

「彼らはなぜ自分たちがそんなことをしているのかわかっていると思いますか?」とわたしはたずねた。

「ああ、もちろんだ」シドは微笑んだ。「最終的なプランが念頭になければ、誰だってそんなに骨を折って、それだけこみいったシステムを設置したりしないと思うよ。われわれはおたがことはないんだ。われわれの文化ではね」

シドは黙りこんだ。彼は恐竜バーニーの拷問のテクニックや、それに使われる点滅するライトについて思いをめぐらせていたが、突然、驚愕の表情が顔をよぎった。

「もしかするとあれは……」彼は口ごもり、それから「いや」といった。

「なんです？」

「あれはブーチャ効果の可能性がある」と彼はいった。

「ブーチャ効果？」

シドは、はじめてブーチャ効果について聞いたときのことを話してくれた。それはソマリアでアリグザンダー大佐のねばねばの泡が使われて、部分的な大失敗に終わったときのことだという。ソマリアのモガジシオまで泡といっしょにやってきた非殺傷技術の専門家たちは、その夜、当然ながらふさぎこんでいた。彼らの会話はめぐりめぐって、この新種の技術が追い求めるものはなにかということにおよんだ。そのとき、ロバート・アイアランド中尉なる人物がブーチャ効果のことを口にしたのである。

すべてのはじまりは、一九五〇年代にヘリコプターが空から次々に墜落しはじめたことだと、シドは話してくれた。ヘリコプターは明白な原因もなくただ墜落し、生きのびたパイロットたちは墜落の理由を説明できなかった。彼らはいつもどおり飛びまわっていたのだが、突然めまいがして気分が悪くなり、力が抜けて、ヘリコプターの操縦ができなくなり、墜落したのである。

そこで、その謎を解くために、ブーチャ博士なる人物が呼ばれた。

「ブーチャ博士が発見したのは、回転翼が日光をストロボのようにちかちかさせていて、それが人間の脳波の周波数に近づくと、身体のほかの部分に正しい情報を伝達する脳の能力をじゃまするということだった」とシドはいった。

ブーチャ博士の発見の結果、色ガラスやヘルメットのバイザーといった新しい安全対策が採用された。

「いいかね」とシド・ヒールはいった。「それほど徹底的にやらなくても、もっと楽に眠りを奪う方法があるんだよ。恐竜バーニーの音楽？　点滅するライト？　眠りを奪うのはその一部かもしれないが、きっと隠されたもっと深い効果があるにちがいない。わたしの推理では、それはブーチャ効果だ。わたしの推理では、彼らは扁桃核を激しく責め立てているんだ」

「こう想像してくれ」とシドはつづけた。「きみは暗い廊下を歩いている。すると目の前に人影が飛びだしてくる。きみは悲鳴をあげて飛びのき、そして突然それが自分の妻であることに気づく。これは二種類の情報ではない。脳の二つの部分で同時に処理された同じ情報なんだよ。判断をくだす部分は、三秒か四秒の時間を要する。しかし、反応する部分――扁桃核――は、零コンマ何秒しか必要としない」

その扁桃核が反応する瞬間を奪い取り、身がすくむ耐えがたい恐怖の決定的な何秒かを支配すること、それをしっかりととらえて、作戦上必要なだけ長く引きのばすこと。それこそがブーチャ効果の狙いなのだ、とシドはいった。

「それは究極の非殺傷技術となるだろう」と彼はいった。

「では、アル・カイムの鉄道駅の裏手に置かれた貨物コンテナのなかでくりひろげられるストロボライトと音楽による拷問は、実際には究極の非殺傷技術かもしれないというんですか?」とわたしはたずねた。

「誰かがそれに成功したのかどうかはわからない」とシドはいった。「問題は、効果的であるということと、永久に身体に障害が残ることとの境目があまりにも狭いので、わたしは……」

そこでシドは口をつぐんだ。たぶん最後までいってしまえば、自分の心が立ち入りたくない部分に入りこむことに気づいたからだろう。イラクにいる兵士たちが実際には彼ほどその境目を気にかけていないという部分に。

「でも、彼らは成功したのかもしれませんね」とわたしはいった。

「成功したのかもしれない」とシドは物思いにふけりながらいった。「ああ」それから彼はつけくわえた。「だが、尋問で服従を強要するような非殺傷性武器はどんなものであれ、われわれの興味を引かないんだ。得られた証拠が法廷で使えないからね」

「でも、アル・カイムの貨物コンテナのなかではそうした制約はありませんよ」

「ああ、そうだな」とシドはいった。

「やれやれ」とわたしはいった。

「きみは自分がここでなにに出くわしたのかわかるかね?」とシドはたずねた。

「なんです?」

「暗黒面さ」と彼はいった。

わたしがシド・ヒールと別れて、イギリスに戻ると、七枚の写真が届いていた。それは《ニユーズウィーク》誌の写真家パトリック・アンドレイドが撮影したもので、「イラクのアル・カイムの一時収容区域に送り返された、脱走した抑留者」という説明がついていた。拡声器は見あたらなかったが、写真には、使っていない鉄道駅の奥に置かれた貨物コンテナの一つの内部がたしかに写っていた。

最初の写真では、たくましい二人のアメリカ兵が、波状鉄板と有刺鉄線の風景を抜けて、抑留者を押し立てている。抑留者を押すのはそれほどむずかしくなさそうだ。彼は火掻き棒のように痩せている。ぼろ布が顔をおおっている。兵士の一人は拳銃を彼の首筋に押しつけ、指を引き金にかけている。

ほかの写真ではみな、抑留者は貨物コンテナのなかにいた。足は裸足で、足首は細いプラスチックのストラップで縛られ、銀色の波状の壁に背中をあずけてうずくまっている。金属製の床は、茶色いほこりと、溜まった液体でおおわれている。貨物コンテナのいちばん奥には、影に深々と包まれて、もう一人の抑留者の姿がかろうじて見分けられる。身体を丸めて床に横たわり、顔を頭巾でおおわれている。

いまやぼろ布は最初の写真に写っていた抑留者の目しか隠していないので、その顔のほとんどを見ることができる。年寄りのように皺が寄っているが、ちょぼちょぼの口髭で、たぶん十七歳ぐらいだとわかる。黄色や茶色のしみがついた、やぶれた白いチョッキを着ている。痩せ細った腕の一方には傷口が開いていて、その上に誰かが黒のマーカーペンで数字を書きこんでいる。

彼はなにかおそろしいことをやったのかもしれない。わたしは彼の人生の七枚の断片をのぞけば、彼について何一つ知らないのだ。しかし、このことはいえる。最後の写真で彼は、まるで笑っているように見えるほど、激しい悲鳴をあげているのである。

9 暗黒面

「われわれはおたがいを試したりしないんだ」とシド・ヒールは二〇〇四年四月上旬、ロサンゼルスでわたしにいった。「われわれの文化ではね」

それから一、二週間がすぎた。するとべつの写真が浮上してきた。バグダッド郊外のアブグレイブ刑務所に収監されたイラク人の写真である。リンディー・イングランド上等兵という二十一歳のアメリカ軍予備役兵が裸の男に綱をつけて床をひきずりまわしている姿をカメラに撮られている。べつの写真では、彼女は口から煙草をだらりと垂らして立ち、頭巾をかぶせられてならぶ裸の男たちの睾丸を指差していた。

ショートカットの髪に若くてかわいらしい顔立ちのリンディー・イングランド上等兵は、多くの写真で主役を演じていた。積み重なった裸の収監者たちの向こうでひざまずいて笑っているのは彼女だった。収監者たちはむりやり人間ピラミッドのようなものを作らされていた。また別の裸のイラク人の頭にかぶせられているのは、たぶん彼女の下着だろう。そのイラク人は金属のベッド枠に縛りつけられ、苦しそうに背中を弓なりにしている。

リンディー・イングランドを中心とする軍の看守の小集団は、どうやら自分たちの性的空想を満足させるためにアブグレイブ刑務所を利用していたらしい。記念写真を撮りたがったことが、彼らの失敗の原因のようだった。

アメリカのドナルド・ラムズフェルド国防長官は、刑務所へ飛んだ。彼は集合した兵士たちに向かって、写真に写っているような出来事は「われわれの価値観にそむき、わが国の評判を傷つけた少数の人間」のしわざだと語った。「わたしは大いに失望しました。犯罪をおかした者たちは処罰され、そのことをアメリカ国民もイラク国民も誇りに思うでしょう」と。

アメリカ軍は刑務所の門にこう書いた掲示板を下げた。〈アメリカはイラク人みんなの友だちです〉

リンディー・イングランドは逮捕された。そのときにはすでに彼女はアメリカに戻り、妊娠五カ月でフォート・ブラッグ基地の事務仕事をしていた。やがて彼女がウェストヴァージニアの片田舎の貧しい町の出身で、一時期トレーラーハウスで暮らしていたことがあきらかになった。一部のコメンテーターは、それですべて説明がつくと考えた。

ある記事は「〈脱出〉がイラクへやってきた」と題している。

一九七二年のアメリカ映画〈脱出〉で、でぶの保険外交員ボビー（ネッド・ビーティー）は裸にさせられる。それから二人の山男《ヒルビリー》の大きなほうに後ろからレイプされ、そのあいだじゅうずっと豚のように鳴くことを強要されるのである。こうした登場人物が誇張されたものかどうかを考えなおすときかもしれない。ミズ・イングランドはまちがいなくそうした山男の国の出身なのである。

写真はこれ以上ないほどおぞましいものだったが、イラクの人々にとってはとりわけ不快だった。彼らはアメリカが本質的には手におえないほど堕落して帝国主義的であるというサダム・フセインの考えを長いことむりやり押しつけられてきた。そしていま、アメリカの性的頽廃とおぼしきものによって侮辱され、打ちのめされたイスラム教徒の若者たち——収監者たち——がいた。若いリンディー・イングランドと仲間たちがまさにイラクの人々を心底むかつかせ不快にさせるような場面を作りだしたことは、わたしには不幸な偶然のように思えた。イラク人の民心を獲得することは多国籍軍にとってもイスラム原理主義者にとっても大きな目標だったのだから。

しかし、やがてリンディー・イングランドの弁護士をつうじて、彼女が自分は命令を受けて行動したと主張するつもりであることがあきらかになった。尋問のために収監者の抵抗を弱めろと命じられたというのである。命令を与えたのはほかならない軍情報部隊だった。かつてアルバート・スタッブルバイン三世少将が指揮した部隊である。

スタッブルバイン将軍があれだけ鼻をぶつけたりフォークを曲げたりしたことを思い返し、将軍の善意がどうしてこんな結果になってしまったのかと考えるのは、悲しいことだった。彼がかつて率いた兵士たちはこんなひどい行動に訴えるはずではなかった。そうではなく、博愛精神にのっとったすばらしい行為をまじえながら、あっと息を飲むような超能力の妙技を見せるはずだったのである。

わたしはスタッブルバイン将軍に電話をかけた。

「写真を見たとき最初にどう思われましたか？」とわたしは彼にたずねた。

「わたしが最初に思ったことは、『こいつはひどい！』だったね」と彼は答えた。

「つぎに考えたのは？」

「あのピラミッドのいちばん下にいたのが自分じゃなくてよかった」

「三番目に考えたのは？」

「わたしが三番目に考えたのは」と将軍はいった。「『これは前線にいるどこかの若造がはじめたことじゃない。きっと情報機関の誰かからそそのかされたにちがいない』ということだった。わたしは妻のリーマにいったよ。『見ていなさい。あれは情報機関のしわざだから』そうとも。情報機関のずっと上のほうの誰かが意図的にこれを計画し、唱道し、指示を与え、人を訓練してそれをやらせたんだ。疑う余地はない。そして、その人物が誰であれ、いまはじっと身を隠している」

「軍情報部隊のしわざでしょうか？」とわたしはたずねた。「あなたのかつての部下たちの？」

「可能性はある」と彼はいった。「わたしの推理ではちがうが」

「では何者です？」

「例の局《ジ・エージェンシー》だよ」と将軍はいった。

「CIAですか？」

「CIAだ」彼は確認した。

「心理作戦部隊といっしょに？」

「彼らも一枚嚙んでいるとわたしは確信している」と彼はいった。「もちろん。疑いの余地はない」

沈黙があった。

「いいかね」とスタッブルバイン将軍はいった。「彼らがジム・チャノンの発想だけにしがみついていれば、あんな馬鹿騒ぎはいっさい必要なかったんだ」

「ジム・チャノンの発想というのは、大音量の音楽ということですか？」

「そうだ」と将軍。

「では、収監者に大音量の音楽を浴びせるというのは、まちがいなく第一地球大隊からきていたんですね？」

「まちがいない」と将軍はいった。「疑問の余地はない。周波もそうだ」

「周波ですって？」とわたしはたずねた。

「ああ、周波だ」

「周波はどういう働きをするんです？」

「人の平衡感覚を失わせるんだ」と将軍はいった。「周波を使えばありとあらゆることができる。いいかね、周波を利用すれば、人に下痢を起こさせたり、胸をむかつかせたりできる。わたしには連中がなぜ写真できみが見たこの馬鹿騒ぎをやらねばならなかったのか理解できんね。連中は収監者に周波を浴びせるだけでよかったんだからな！」

沈黙があった。

「だが、考えてみれば」と彼は少し後悔するようにつけくわえた。「ジュネーブ条約がそういったことをどう判断するかははっきりしないんだ」

「大音量の音楽と周波をですか？」

「たぶんそれについては誰も考えたことさえないんじゃないかな」と将軍はいった。「たぶんジュネーブ条約の観点からはまったく調査されていない領域だろう」

二〇〇四年五月十二日、リンディー・イングランドは、デンヴァーで活動するブライアン・マーズというテレビ記者とのインタビューに応じた。

ブライアン・マーズ　この刑務所でイラクの収監者たちに起きていたことは、われわれが例の写真で見たものよりさらにひどいのですか？

リンディー・イングランド　そうです。

ブライアン・マーズ　それについて話していただけますか？

リンディー・イングランド　いいえ。

ブライアン・マーズ　写真を撮ったとき、なにを考えていたんですか？

リンディー・イングランド　わたしはちょっと変なことを考えていました……。いいですか、わたしは本当は写真になんか写りたくなかったんです。

ブライアン・マーズ　あなたがイラクの収監者に綱をつけているところを撮った写真がありますね。あれはどうやって出来上がったんですか？

リンディー・イングランド　わたしは階級の高い人たちから「そこに立って、この綱を持ち、カメラを見ろ」と指示されました。そして、心理作戦部隊のために写真を撮られたんです。それしか知りません……。わたしはそこに立ち、親指を立てて、にっこりしろと、ピラミッドを作った裸のイラク人収監者たち全員の後ろに立て（写真を撮られろ）といわれたんです。

ブライアン・マーズ　誰がそうしろといったんです？

リンディー・イングランド　わたしの指揮系統の上のほうの人たちです……。彼らは心理作戦のためだといい、その理由はもっともらしく思えました。だから、わたしたちにとっては、自分たちは仕事をしていた、つまり命じられたことをやっていたんです。そして、その結果は彼らが望んだものだった。彼らは戻ってきて、写真を見ると、こういいました。「ああ、これはいい戦術だ、この調子でやってくれ。うまくいくぞ。これはうまくいく。この調子でやるんだ、われわれの求める結果が出ている」

リンディー・イングランドは写真が手のこんだ心理作戦の一部にすぎないといっているようだった。彼女は、「この調子でやるんだ、われわれの求める結果が出ている」と彼女にいった心理作戦部隊の人間たちは名札をつけていなかったといった。わたしはこのシナリオが、じつはイラクの若者たちにもっとも嫌悪感を与える未来像を見せるために、心理作戦部隊の文化専門家によって慎重に計算されていたのではないかと思いはじめた。写真にとらえられていた行為そのものはまったく重要ではなく、写真それ自体が目的だったという可能性はあるだろうか？　写真は、個々のイラク人収監者だけに見せられ、彼らを震えあがらせることを目的としていたのだろうか？　彼らが刑務所から出て全世界を恐怖に陥れるのではなく、協力するように仕向けるために。

リンディー・イングランドのインタビューを聞いたあと、わたしは心理作戦部隊をおとずれたときの取材ノートをひっぱりだした。部隊は二〇〇三年十月にわたしをフォート・ブラッグ基地の本部に入れて、CDコレクションを見せてくれた。それはアブグレイブ刑務所の写真が撮影されたのと同じ月である。わたしは「満たされていない欲求」とか「望んでいる行動」といった話を全部すっとばして、私服姿の愛想がいい研究者との会話の記録を見つけだした。中東が専門という、デイヴという名前の「上級文化分析官」との会話を。

そのときには、われわれの会話は害のないものに思えた。わたしたちは心理作戦部隊の「製品」一般について話をしていた。心理作戦部隊の資材——ラジオ番組やビラといったもの——はすべて「製品」と呼ばれている。

取材ノートを読み返してみると、彼がわたしにいったことが、まったく新しい響きを帯びてきた。

「われわれは、アメリカ人ではなくイラク人がわれわれの製品にどう反応するかを考えているんですよ」と彼はいった。

彼は、各製品がアメリカの外交政策のためになるかどうかを調べる評議会——軍の分析官と専門家による委員会——があるといった。

「そして、もし合格すれば、われわれはここか（イラクの）前線でそれを製作するんです」

それからデイヴは、彼らの「製品」の対象となる観客——イラクの軍人もしくはイラクの民間人もしくはイラクの収監者——が、かならずしも熱心な顧客であるとはかぎらないという話をした。

「〈コカコーラ〉を売るのとはわけがちがうんです」と彼はいった。「ときには、相手がたぶん心の底では望んでいないとわかっているものを売りつけようとしていることもある。そのために、二面性が生まれ、問題が生じるのです。そして、相手はそのことについて考えるにちがいない。誰かにビタミンDを飲めと売りつけるようなものです。欲しくはないかもしれないが、生きぬくために必要なものを」

「興味深い話ですね」とわたしはいった。

「二面性が生まれるんです」と彼はくりかえした。

10　シンクタンク

二〇〇四年の前半、わたしはジム・チャノンがアメリカ陸軍の新参謀総長であるピート・シューメイカー将軍とうちうちに会いはじめたという噂を耳にした。

ブッシュ大統領は二〇〇三年八月四日にシューメイカー将軍をその地位に任命した。彼の受諾演説、軍のいいまわしを借りれば「着任のメッセージ」には、以下の文章がふくまれていた。

戦争は物理的な現実であると同時に、心のありようでもある。戦争は不明瞭で、不確かで、不公平なものだ。われわれは戦時にあっては、ちがった考えかた、ちがった行動をしなければならない。現実との究極の対峙、つまり戦闘を予期しなければならない。われわれは戦争に勝ち、平和を勝ち取らねばならない。すべてを疑う覚悟がなければならない。わが軍の兵士たちは高潔な戦士である……。われわれの未来への方位《アズマス》は良好だ。

方位《アズマス》？　わたしはその言葉の意味を調べてみた。それは「天体の方位」である。シューメイカー将軍がジム・チャノンと会っているというニュースは、わたしには大した驚きではなかった（実際、言葉の手がかりにくわえて、シューメイカー将軍の経歴の年表もまたぴたりと合うのである。彼は一九七八年二月から一九八一年八月までフォート・ブラッグ基地の特殊部隊の指揮官を務め、一九八三年後半にも基地で指揮官を務めていた。〈ジェダイの戦士〉たちと山羊にらみたちが、彼がいる基地の一角でいちばん熱心に活動していた時期である。わたしには彼らの活動をシューメイカー将軍が知らなかったとか、実際に認可しなかったなどということは信じられない)。

噂によれば、シューメイカー将軍は、ジムを退役からひっぱりだして、陸軍がもっと主流から遠く離れた方向へ考えを向けるようにうながす新しい秘密シンクタンクを設立させるか、もしくはそれに寄与させることを考えているという。

ジムは一九八〇年代前半に、同様のグループに参加していた。それは〈タスク・フォース・デルタ〉と呼ばれ、三百人程度の軍高官で組織されていた。彼らはフォート・レヴンワース基地で年に四回、会合とブレインストーミングの集まりを持ち、会合がない期間は、彼らが〈メタ・ネットワーク〉と名づけたものを通じておたがいに連絡を取り合っていた。このネットワークこそインターネットの初期の姿だった。

一九七〇年代後半、アメリカ陸軍のためこの技術の開発に着手したのが、ジム・チャノンの昔からの友人の一人でもあるフランク・バーンズ大佐という〈タスク・フォース・デルタ〉のメンバーだった。一九八三年、バーンズ大佐は、誕生したばかりの自分の通信ネットワークがいずれ世界にどんな影響をおよぼすかを想像した詩を発表した。

新しいメタ文化の出現を想像してごらん。

あらゆる場所のさまざまな人々が、
人間の美徳のために身を捧げ、
人間の境遇と人間の可能性との溝を埋めるために
献身しているところを……。
そして、われわれみんなが共通のハイテク通信システムで
結ばれているところを。
それは目に涙が浮かぶ光景だ。
人間の美徳は
この惑星の礼を尊ぶあらゆる人間の社会構造のなかに
深くとどめることができる理想である。
だからこそわれわれはこれをやろうとしている。
そして、だからこそ〈メタ・ネットワーク〉は
われわれが愛せる創作品でもあるのだ。

バーンズ大佐は、人々がおもにポルノを見たり、〈グーグル〉で自分自身のことを調べたりするためにインターネットを利用することを予想できなかったが、彼の先見の明は称賛に値する。この大佐はまた、ジム・チャノンとともに、一九八〇年代に陸軍の運命を独力で変えたにひとしい新兵募集スローガン〝きみがなれるすべてのものになれ〟と、そのコマーシャル音楽に陰で影響を与えたと広く信じられている。バーンズ大佐は自分の発想を、ジム・チャノンの

『第一地球大隊作戦マニュアル』を読んだおかげだとしている。

当時、新兵の不足は陸軍が直面する重大な危機だった。ジム・チャノンのファンであるシューメイカー将軍がアメリカ陸軍の責任者になったのだから、こうした顔ぶれがふたたび軍に召集されて、テロとの戦いという新しい危機に知恵を貸すことになったとしても不思議ではない。

ジム・チャノンはEメールで、シューメイカー将軍のシンクタンクの噂は真実だといった。彼の説明によれば、その思いつきが出てきたのは、「ラムズフェルドがいまや公然と、テロとの戦いに独創的な意見を求めるようになっているからだ……うーん」

ジムは、コメントを求めてシューメイカー将軍に接触してもらいたくないとつけくわえた。

「きみがこの人物の重要な一日をそうした無用の要求でじゃまするなどという考えにわたしは耐えられない。自制するんだ！　そういうのはマスコミの病気で、世界の動きを止めつつあるんだぞ！　きみならわかってくれると思うが」

しかし、ジムはちゃんと、ジョージ・W・ブッシュ大統領の外交政策に対する自分の貢献についていくつかの情報を与えてくれた。

陸軍は、選抜された少佐たちに講義するようわたしに求めている。第一地球大隊は選り抜きの模範的教材だ。わたしはピート・シューメイカー将軍の前で講義をおこなっている……。わたしはアフガニスタンやイラクに現在いるか最近までいた関係者と連絡を取っている。すでに第一地球大隊の理想に基づく出口戦略案を送付した。

わたしはイラクにいるストレス管理大隊のメンバーの一人と毎週話している。彼はあのマニュアルを携行し、自分たちの仕事がどんな貢献をすることができるのかをチームメートたちに伝えている。忘れないでくれ、大隊の神話体系は民間伝承のように働くんだ。使命や現実の産物ではなく、物語という形で伝えられていく。その結果はいたるところに現われ、すばやく広まるが、当然あまり目ざましいものとはいえない。

ジム・チャノンは、テロとの戦いのいたるところに点在する、彼に触発された「現実の産物」に自分は興味がないと認めたが、わたしはそれをあきらかにすることにやや取りつかれていた。

第一地球大隊の小さな断片は、戦後のイラクのそこらじゅうで姿を現わしつつあった。わたしが話したある軍の元スパイは、ジムの現在のファンたちを二種類――〈ブラック・ニンジャ〉と〈ホワイト・ニンジャ〉――に分け、わたしもだんだん彼らをそうした目で見るようになった。

バグダッドの二十マイル北にあるタジに駐留する第七百八十五医療中隊戦闘ストレス管理隊は、〈ホワイト・ニンジャ〉だった。その隊員の一人、クリスチャン・ホールマンは、Eメールでこう書いてきた。

わたしは第一地球大隊の技術をたくさん活用しています――瞑想、ヨガ、気功、休養、想像といったことを――みんな戦闘ストレスを治療するための第一地球大隊の道具の一部です。あなたがイラクにきてわたしにインタビューするのはすばらしいことですが、まずうちの隊長に許可を得なければなりません。彼はわたしが渡した第一地球大隊の文献のいくつかに目を通していますし、電話でジムと話したこともあります。

翌日、クリスチャンはまたEメールを送ってきた。「うちの隊長は決定する前に副隊長と話す必要があるとのことです」

すると、三日目に、

隊長は許可を出さないことにしました。われわれがやっていることやわれわれの評判が歪められる危険を冒したくないのです。ときには政治が勝つこともあります。

中東に平和を。

クリスチャンより。

このEメールを受け取って数週間後に、わたしはどう考えればいいのかわからないほど奇怪で辻褄が合わないように思えるある事実を耳にした。それは陳腐であると同時に風変わりで、それを取り巻くほかの事実と完全に矛盾していた。それは〈ブラウン・ブロック〉と呼ばれる場所でジャマル・アル・ハリスというマンチェスター市民の身に起きたことである。

ジャマルもそれをどう考えればいいのかわからなかったので頭の片隅に追いやった。二〇〇四年六月七日の朝、マンチェスター・ピカデリー駅近くの〈マルメゾン・ホテル〉のコーヒー・バーでわたしと会ったとき、そうそうこんなこともあったと思いだしたように話してくれただけだった。

ジャマルはウェブサイトのデザイナーである。彼は女きょうだいといっしょにモス・サイドに住んでいる。三十七歳で、離婚経験があり、三人の子供がいる。彼はイギリスの防諜機関MI5がこのホテルまであとをつけてきたと思っているといったが、すでにそうしたことは気にしないようにしていた。彼の話では、同じ男が車に寄りかかって、通りの向こうから自分を見張っているのがずっと見えるという。男はジャマルに見つかったと思うたびに、ちょっとあわてた様子を見せて、すぐさま身をかがめ、さり気なくタイヤをいじるのだ。

ジャマルはそうわたしにいうと、笑い声をあげた。

ジャマルはジャマイカ系移民二世の家庭にロナルド・フィドラーとして生を受けた。彼は二十三歳のときにイスラム教を知り、改宗して、言葉の響きが気に入ったという以外にさしたる理由なしにジャマル・アル・ハリスに名前を変えた。彼によれば、アル・ハリスというのは「種蒔く人」というような意味だという。

二〇〇一年十月、ジャマルは旅行客としてパキスタンをたずねたという。彼が旅行の四日目にアフガニスタン国境のクエッタにいたとき、アメリカの爆撃作戦がはじまった。彼はすぐにトルコへ出国することを決断し、地元のトラック運転手に金を払ってつれていってもらうことにした。運転手はイラン経由のルートでいくといったが、なぜかトラックはアフガニスタンに入りこみ、そこでタリバン支持者の一団に止められた。彼らはジャマルのパスポートを見せろと要求し、彼はすぐさま拘束されて、イギリスのスパイの容疑で投獄された。

アフガニスタンは多国籍軍に占領された。赤十字の関係者が投獄中のジャマルのもとをおとずれた。彼らは、国境を越えてパキスタンに入り、自力でマンチェスターまで帰ってはどうかとジャマルに提案したが、彼は金がなかったので、かわりにカブールのイギリス大使館に連絡を取ってくれるようにたのんだ。

それから九日して――大使館が故郷へ送り返してくれるのをカンダハルで待っているとき――アメリカ人たちが彼を捕まえた。

「アメリカ人はわたしを拉致したんだ」とジャマルはいった。「拉致」といったとき、彼はそんな芝居がかった言葉を使ったことに自分で驚いているようだった。

カンダハルのアメリカ人たちはジャマルに、事務手続き上の理由で二カ月間キューバに送られることになるとかいったことをならべたて、つぎに気づいたときには、彼は手錠をかけられて飛行機に乗せられ、キューバのグアンタナモ基地へ向かっていた。腕は鎖で脚につながれ、それから床のフックに鎖でつながれて、顔は耳あてとゴーグルと手術マスクでおおわれていた。

ジャマルは二年後、釈放されたあと、数週間のうちに何度かインタビューに応じた。その際、彼は手枷足枷のことや殴られたことを話した――外の世界があの謎めいた施設の暮らしぶりについてすでに想像していた事柄を。彼は脚を棍棒で殴られ、胡椒スプレーを吹きかけられ、風雨にさらされる檻のなかに閉じこめられて、プライバシーもなく、基地のなかを這いまわる鼠や蛇や蠍《さそり》から身を守る手段もなかったと語った。しかし、これは衝撃的な告白ではなかった。

彼がITVのマーティン・バシールと話しているとき、バシールが（カメラの外から）彼にこうたずねた。「わたしのマイケル・ジャクソンのドキュメンタリーは見ましたか？」

ジャマルは答えた。「わたしは、その、グアンタナモ基地に二年間いたんですよ」

わたしがジャマルに会ったときには、彼はもっと当惑するような虐待をわたしに教えてくれた。売春婦たちがアメリカ本土から飛行機でやってきた——彼女たちがそこへきた理由はわからない。より信心深い収監者の顔に自分たちの月経血をなすりつけるためだけによばれたのか、それとも、兵士たちに奉仕するためにつれてこられ、そして心理作戦部隊の研究者がこのべつの仕事をあとから思いついて、軍の手持ちの資源を活用したのかもしれない。

「イギリス国籍の一人か二人が衛兵に、『おれたちにも女をあてがってくれるのか？』といった」とジャマルはわたしに話してくれた。「だが、衛兵は『だめだ、だめだ。売春婦は本当に女を望んでいない収監者のためだ』と答えた。連中はわれわれに説明してくれたんだ！『女がほしい連中には効き目がないからな』」

「それで、売春婦は収監者になにをしていたんです？」わたしはたずねた。

「睾丸をいじったりしただけだ」とジャマルはいった。「連中の目の前でストリップをしたり。顔の前で胸をもんだり。連中の全員が話してくれたわけじゃない。連中は〈ブラウン・ブロック〉（尋問ブロック）から戻ってくると、何日もじっと黙りこみ、一人で泣いているんだ。だから、なにかがおこなわれているのはわかるんだが、それがなにかはわからない。だが、実際に話をしてくれた連中については、これがわれわれの聞いていることだ」

わたしはジャマルに、グアンタナモのアメリカ人たちが奇抜な尋問テクニックをためしていたと思うかどうかたずねた。

「彼らはためすよりもずっとすごいことをやっている」と彼は答えた。

そして、このとき彼は〈ブラウン・ブロック〉のなかで自分の身に起きたことを教えてくれたのである。

ジャマルは、拷問についてよく知らないので、自分にためされたテクニックがグアンタナモ独自のものなのか、それとも拷問自体と同じぐらい古いものなのかはわからないといった。しかし、それは彼にはひどく奇妙に感じられた。〈ブラウン・ブロック〉内の生活についてジャマルの話を聞いていると、グアンタナモ基地は情報部員だけでなくさまざまな発想がひしめく尋問実験室のように思える。まるで、兵士たちが生まれてはじめて捕虜と自分たちの意のままになる都合のいい施設を手に入れ、自分たちの思いつきのすべてをためさずにはいられないといった感じだった——そうした思いつきはそれまで、ときには何十年間もしぶしぶ理論上の領域に棚上げにされてきたものだ。

最初は騒音だった。

「工場の雑音とでもいおうか」とジャマルはいった。「金属がきしむ音や、ものを叩く音。それは〈ブラウン・ブロック〉中に流され、どの尋問室にも入りこんでくる。形容できない音だ。きいきい、ばんばん、しゅーしゅー。あらゆる音がある。ごたまぜの騒音だ」

「動きだしたファックス機から聞こえる音のような？」とわたしはたずねた。

「いや」とジャマルはいった。「コンピューターが作ったものじゃない。工場のものだ。奇妙な音。そして、それにまじっているのは、なにか電子ピアノみたいなもの。音楽じゃない。リズムがないからね」

「シンセサイザーのような？」

「そうだ、シンセサイザーに工場の騒音をまぜたもの。めちゃくちゃのごたまぜだ」

『なぜあんな変な騒音を聞かせるんだ』とたずねたことは？」

「キューバでは、なんでも受け入れるようになるんだ」とジャマルはいった。

工場の騒音はブロック中に大音量で流されていた。しかし、もっとも奇妙なことは、ジャマルの尋問室のなかで起きた。尋問室には閉回路テレビとマジックミラーが設置されていた。ジャマルはここに入れられて十五時間ぶっつづけで尋問されたが、尋問側は彼から何一つ得られなかった。彼によれば、それは得るものがそもそもなにもなかったからである。彼の過去はじつにきれいだったので――駐車違反切符にいたるまで――ある時点で、誰かが彼のところへ近づいてきて、「きみはMI5の資産なのか？」とささやいたほどだという。

「MI5の資産だと！」とジャマルはいった。彼はひゅうと口笛を吹いた。「資産だとね！」と彼はくりかえした。「それが男が使った言葉だ！」

尋問官たちは、ジャマルが頑として口を割らないいつもりらしいことにだんだん腹を立てはじめた。また、ジャマルは〈ブラウン・ブロック〉内の時間を使って、ストレッチ運動をして、正気をたもっていた。ジャマルの運動による体調管理は尋問官たちをいっそう怒らせたが、彼らは実際には殴ったりおどしたりするかわりに、じつに奇妙なことをやったのである。

ある軍情報部隊の将校が彼の部屋に大型のステレオラジオカセットを持ってきた。将校はそれを隅の床に置くと、こういった。「これはフリートウッド・マックの曲を演奏する女の子ばかりのバンドだ」

彼はそのCDを大音量でジャマルに聞かせはしなかった。睡眠を奪おうというのでも、〈ブーチャ効果〉を引き起こそうとするのでもなかった。そうではなく、その情報部員は普通の音量でCDをかけた。

「彼はCDをかけて、部屋を出ていった」とジャマルはいった。

「女の子ばかりのフリートウッド・マックのカバーバンド?」

「そうだ」とジャマル。

これはじつに奇妙な氷山の一角のようにわたしには思えた。

「それで、つぎになにが起きたんです?」とわたしはたずねた。

「CDが終わると、彼が部屋に戻ってきて、こういった。『これはきみの気に入るかもしれない』そして、クリス・クリストファーソンのベストヒット集をかけた。普通のボリュームで。それからまた部屋を出ていった。そしてまたCDが終わると戻ってきて、『これはマッチボックス・トウェンティのCDだ』といったんだ」

「彼は楽しませるためにそんなことをしていたんですか?」

「尋問だよ」とジャマルはいった。「連中がわたしを楽しませようとしていたとは思えない」

「マッチボックス・トウェンティ?」

わたしはマッチボックス・トウェンティのことをあまりよく知らなかった。調べてみてわかったのだが、彼らはフロリダ出身のカントリーロックバンドで、その曲は〈メタリカや〈バーン・マザーファッカー・バーン!〉のように〉とくに人をいらいらさせるようなものでも、〈バーニーや〈ヤー! ヤー! これが山だ!〉のように〉うんざりするほどくりかえされるようなものでもない。彼らの音楽はちょっとREMに似ている。わたしがこれ以外にマッチボックス・トウェンティの名前を聞いた唯一の機会は、《ニューズウィーク》誌のアダム・ピョーリーからマッチボックス・トゥエンティもアル・カイムの貨物コンテナのなかで流されていたと聞いたときである。

わたしはそのことをジャマルに話し、彼はびっくりした表情をした。

「マッチボックス・トゥエンティが？」と彼はいった。

「彼らのアルバム〈モア・ザン・ユー・シンク・ユー・アー〉が」とわたしはいった。

沈黙があった。

「わたしは連中がただわたしにCDを聞かせているだけだと思っていた」とジャマルはいった。「CDを聞かせているだけだとね。わたしが音楽を気に入るか入らないかを見ているんだと思っていた。いまその話を聞いて、わたしはきっとほかになにかがあったにちがいないと思っている。なぜ彼らがその同じCDをわたしに聞かせたのかと考えている。彼らはそのCDをイラクで流し、キューバでも流している。なにか目論みがあるとしか思えない。連中が音楽を流しているのは、人がほかの音楽よりもマッチボックス・トゥエンティを好きだったり嫌いだったりすると思っているからじゃない。もしくは、ほかの音楽よりもクリス・クリストファースンを。理由があるんだ。ほかになにかがおこなわれている。もちろんなにかはわからない。だが、きっとなにかほかの意図があるはずだ」

「きっとそうです」とわたしはいった。

ジャマルはちょっと口ごもると、やがていった。「あなたはこの兎の穴がどれほど深くまでつづいているかわかっていない、そうだね？　だが、それが深いことはわかっている。深いことはね」

11　幽霊ホテル

ジョゼフ・カーティス（仮名）は二〇〇三年の秋、アブグレイブ刑務所で夜間勤務をしていた。いま彼は軍によってドイツのある町に追放中の身だった。軍法会議の脅威が彼の上に重くのしかかっていた。国際通信社とのインタビューに応じて、自分が見たものを話し、そのせいで上層部の怒りを買ったのだ。にもかかわらず、彼は弁護士の忠告に反して、二〇〇四年六月のある水曜日にとあるイタリア・レストランでわたしとひそかに会うことに心ならずも同意した。彼がさらに譴責を受ける危険を進んで冒した理由は、はっきりしない。たぶん、命令にしたがっただけのリンディー・イングランドと写真に撮られたほかの憲兵たちがスケープゴートにされるのを、手をこまねいて見ていることはできないと感じたのだろう。

わたしたちはレストランのバルコニーに座り、彼は皿の上で食事をつつきまわしていた。

「映画の〈シャイニング〉を見たことは？」と彼はいった。

「あります」とわたしは答えた。

「アブグレイブ刑務所は〈オーバールック・ホテル〉みたいだった」と彼はいった。「幽霊に取りつかれていたんだ」

「というと……」とわたしはいった。

わたしはてっきりジョゼフが、あの場所にはスパイ《スプーク》が、つまり情報将校がたくさんいたといってるのだと思った（スプークはもともと幽霊という意味）――しかし、その表情を見て、そうではないことに気づいた。

「幽霊に取りつかれていたのさ」と彼はいった。「夜は真っ暗になる。本当に真っ暗だ。サダム・フセインの時代には、あそこで人が酸につけられて溶かされた。女たちが犬に犯された。壁中に脳味噌がぶちまけられたんだ。〈オーバールック・ホテル〉よりひどい。なにしろこれは現実だからね」

「〈シャイニング〉では、ジャック・ニコルソンを狂気に駆りたてたのは建物でした」とわたしはいった。「アブグレイブ刑務所でアメリカ人をおかしくしたのは、あの建物だったんですか？」

「建物がまた仕事をしたがっているようだった」とジョゼフはいった。

ジョゼフはルイジアナ大学体育学部のＴシャツを着ていた。彼はアメリカ兵独特のジャーヘッドと呼ばれる髪型をしていた――頭の脇を刈り上げ、てっぺんは短い。近ごろでは軍のなかで信じられないほどの金が動いていると彼はいった。予算面からいえば、まさに黄金時代だった。ある日、彼はトラックを修理に出した。すると、トラックを点検した兵士は、「この車には新しい座席が必要だ」といった。

ジョゼフは、座席の交換が必要なようには見えないといった。

兵士は、自分たちには二十万ドルの予算があって、もし月末まで使ってしまわなければ返還しなければならないのだと答えた。

「だから、この車には新しい座席が必要なんだ」と兵士はゆっくりとくりかえした。ジョゼフによれば、イラクにはテレビ会議といった目的のために信じられないほどの数のプラズマ画面があるという。すでにまったく申しぶんのないテレビがあったのに、ある日、トラック何台分ものプラズマ画面が到着したのである。金がうなるほどころがっているからだ。二〇〇四年一月、有力なシンクタンクで、圧力団体でもある〈グローバル・セキュリティー〉が、ジョージ・W・ブッシュ政権はアメリカ歴代政権のなかでもっとも機密予算《ブラック・バジェット》に金をつぎこんでいることを暴露した。

政権が機密予算にまわす金額は、おぞましいものに対する政権の関心度をしめす興味深いバロメーターと見ることができる。機密予算は極秘計画に資金を提供するだけの場合も多い——たとえば暗殺部隊のような、きわめて機密性が高くて、ひじょうにいかがわしい計画に。そうした計画は、極秘工作員を守るためだけでなく、アメリカ国民を守るためにも、秘密にされている。というのも、アメリカ国民はそうしたことを考えたがらないからだ。しかし、機密予算はまた、もし情報公開されれば有権者が自分たちの指導者は頭がおかしいと思うかもしれないような奇怪な計画を調査するための資金も提供している。ジョージ・W・ブッシュ政権は、二〇〇四年一月までに、約三百億ドルを機密予算に振り向けた——それをなにに使うのかは、神のみぞ知る。

わたしはジョゼフが夜の道路工事に負けない声でアブグレイブ刑務所の闇について話すのを、集中して聞かなければならなかった。その闇が「人間の獣性をあそこで本当にむき出しにした」ことや、つきることのない豊富な資金のことを。

「アブグレイブは観光スポットだった」と彼はいった。「あるとき、わたしは二人の大尉に起こされたことをおぼえている。『処刑室はどこだ?』といわれてね。連中は絞首縄とレバーを見たかったんだ。ラムズフェルドが訪問したときには、彼は兵士たちと話したがらなかった。彼が見たかったのは処刑室だけだった」

ジョゼフは料理を一口食べた。

「ああ、アブグレイブでは人間の獣性が本当にむき出しになった」と彼はいった。

「それは写真のことですか?」とわたしはたずねた。

「いたるところでさ」と彼はいった。「上級指揮系統が下っぱの連中たちとやりまくっていた……」

わたしはどういうことかわからないとジョゼフにいった。

彼はいった。「上級指揮官たちが下級兵士たちとセックスしていたんだ。収監者たちは強姦しあっていた」

「幽霊を見ましたか?」わたしは彼にたずねた。

彼は食べるのをやめて、また皿の上で料理をつつきはじめた。

「あの場所には闇がつきまとっていた」と彼は答えた。「あそこにはいつもなにかがいて、背後からしのびよってくる感じがした。しかも、そいつがひどく狂暴だという感じが」

アブグレイブ刑務所でなにかよかったことはなかったのか、とわたしはジョゼフにたずねた。すると、彼は口ごもり、〈アマゾン・ドットコム〉の配達があったのはよかったといった。それから彼はほかによかったことを思いだした。彼はあそこに模型飛行機作りの天才がいたといった。古い携帯糧食の箱を材料にして、隔離ブロックの天井から完成品をぶら下げていた。ジョゼフの話では、あるとき誰かが彼のところへやってきて、こういったのだという。「あの模型飛行機を見ないと損するぞ！　すごい代物だ！　隔離ブロックの衛兵の一人が天井からずらりとぶら下げているんだ。なあ、それにあそこにいるあいだに、高価値《ハイ・ヴァリュー》をその目で見られる！」

〝高価値〟というのは、アメリカ軍がテロ容疑者や武装勢力のリーダー、強姦魔、未成年者暴行犯を呼ぶときのいいまわしだったが、戦後のイラクでは事態はまったく手におえなくなっていたので、〝高価値〟の多くは検問で兵士が見た目が気に入らなかったために逮捕された、ごく普通の通行人かもしれなかった。

ジョゼフはアブグレイブ刑務所の超機密コンピューター・ネットワークの責任者だった。彼はシステムを構築し、ユーザー名とパスワードを割り当てた。隔離ブロックは廊下のすぐ先だったが、仕事でそこへいく必要はなかった。そこで、彼はその招待を受けた。彼は机の向こうから立ち上がると、模型飛行機と〝高価値〟のほうへ歩いていった。

わたしがジョゼフに会う数週間前、《ニューヨーカー》誌のセイモア・ハーシュ記者は、二〇〇四年四月九日にマシュー・ウィズダム特技下士官が統一軍事裁判法第三十二条の審問（大陪審の軍隊版）でこう証言したと報じた。「わたしは（アブグレイブ刑務所の隔離ブロックで）裸の収監者を二人見ました。一人は口を開けてひざまずくもう一人に向かってマスターベーションをしていました。わたしはここからすぐに出たほうがいいと思いました。それが正しいことだとは思えませんでした……。(アイヴァン・)フレデリック二等軍曹がこちらへ歩いてくるのが見え、彼は『あの獣どもを二分間放っておいたらどんなことをやるか見てみろ』といいました。わたしは(リンディー・)イングランド上等兵が『彼はだんだん勃起してきたわ』と叫ぶのを聞きました」

隔離ブロックは、イングランド上等兵が裸の男に綱をつけて床をひっぱりまわす姿など、すべての写真が撮られた場所である。

ジョゼフは角をまがって隔離ブロックへ足を踏み入れた。

「そこには二人の憲兵がいた」と彼は語った。「そして、ずっと『うるさい、黙れ!』と叫んでいた。彼らはある年寄りをどなりつけ、一つの数字を何度もくりかえさせていたんだ。『一五六四〇三。一五六四〇三。一五六四〇三』

その年寄りは英語がしゃべれなかった。だから数字がちゃんと発音できないんだ。

『ぜんぜん聞こえないぞ』

『一五六四〇三。一五六四〇三』

『もっと大きな声で。大きな声だ、馬鹿もん』

そのとき彼らはわたしに気づいた。『やあ、ジョゼフ!　元気でやってるかい?　ぜんぜん聞こえないぞ。もっと大きな声で』

『一五六四〇三。一五六四〇三』

憲兵たちは〈マクドナルド〉からアブグレイブ刑務所に直行したも同然だったとジョゼフは

いった。彼らはなにも知らなかった。なのにいま、たまたま写真で顔が判別できたせいで、憲兵たちはスケープゴートにされている。彼らは軍情報部隊の人間つまりジョゼフの仲間がやれといったことをやっただけなのだ。心理作戦部隊は電話一本で連絡がつくところにいた、とジョゼフはいった。それに、軍情報部隊の人間はいずれにせよ全員、心理作戦の訓練を受けていた。軍情報部隊について忘れてならないのは、彼らが「学校のおたくタイプの連中」であるということだった。「ほら、社会になじめない連中さ。そういった状況をうぬぼれと〈司令官の許可により〉と書いた壁のポスターと組み合わせれば、突然、自分たちが世界を動かしていると勘違いする連中が現われるというわけだ。これは連中の一人がわたしにいった言葉だ。『われわれは世界を動かしている』」

「アブグレイブ刑務所にはたくさんの情報将校がいたんですか?」とわたしはジョゼフにたずねた。

「あそこにはわたしが存在さえ知らなかった情報部隊の人間が現われた」と彼はいった。「ユタ州からきた部隊だ。全員モルモン教徒さ。まさに情報関係者のごった煮状態で、彼らはみんなわたしのところへきて、ユーザー名とパスワードをもらわねばならなかった。あらゆる種類の部隊や民間人、通訳がいたな。イギリス人も二人現われた。彼らは年配で、軍服を着て、しかるべき場所におさまっていた。ラップトップ・コンピューターと机をもらっていたよ」

ホワイトハウスの国家安全保障担当補佐官コンドリーザ・ライスの補佐役も刑務所をおとずれ、尋問担当者たちに、彼らが収監者からじゅうぶんな情報を引きだしていないと厳しい口調でつたえた。

「やがて、グアンタナモ基地からまるまる一個小隊が到着した」とジョゼフはいった。「噂が広まった。『まずいぞ、グアンタナモの連中がくる』ドッカーン！　彼らはやってきた。あの場所を乗っ取ったんだ」

あるいはグアンタナモ基地は実験施設一号で、そこで効果を発揮した奥義がアブグレイブ刑務所に輸出されたのかもしれない。わたしは音楽についてなにか知っているかとジョゼフにたずねた。彼は、もちろんだ、収監者にはずっと大音量で音楽を聞かせていた、と答えた。

「もっと静かな音楽はどうです？」とわたしはたずね、ジャマルから聞いたステレオラジオカセットと女の子ばかりのフリートウッド・マックのカバーバンドとマッチボックス・トウェンティの話を彼に話した。

ジョゼフは笑い声をあげると、驚いたように首を横に振った。

「連中はたぶん彼の頭をかきまわそうとしていたんだろう」と彼はいった。

「つまり、彼らはじつに奇妙に思えるという理由だけであれをやったというんですか？」とわたしはたずねた。「意外な組み合わせがその目的だったと？」

「ああ」と彼は答えた。

「でも、それでは意味が通らない」とわたしはいった。「アラブ諸国からきた熱心なイスラム教徒であれば、それはうまくいくかもしれないと想像できます。でも、ジャマルはイギリス人だ。マンチェスターで育ったんです。彼はステレオラジオカセットも、フリートウッド・マックも、カントリー&ウェスタンも知っています」

「うーん」とジョゼフ。

「あなたが考えているのは……？」とわたしはいった。

ジョゼフがその言葉の先を引き取った。

「サブリミナル・メッセージのことかと？」

「もしくは、それに類するもの」とわたしはいった。「音楽に隠れたなにかです」

「いいかね」とジョゼフはいった。「表面的には、それは馬鹿げて聞こえるかもしれない。だが、グアンタナモとアブグレイブは表面なんかじゃないんだ」

12 周波数

もしかしたら、この謎を解く一つの方法は、特許をたどることかもしれない、とわたしは思った。雪の上の足跡を追う猟師のように特許をたどり、それからホラー映画のように足跡が消えるところを目にするのだ。サブリミナル音響技術もしくは周波数技術に関する特許書類の跡を追っていけば、それがアメリカ政府の秘められた世界へと跡形もなく消える場所がどこかにあるのだろうか？

そのとおり。その場所はたしかにあった。そして、問題の特許発明者は、オリヴァー・ロワリー博士という謎めいてどこかつかみどころのない人物だった。

一九九二年十月二十七日、アメリカ、ジョージア州のオリヴァー・ロワリー博士は、合衆国特許五一五九七〇三号を認可された。彼の発明品は、彼が〈無声サブリミナル提示方式〉と呼ぶものだった。

耳に聞こえない搬送波が、極長波もしくは極短波の可聴周波数またはそれに隣接する超音波周波数域において、希望する情報で振幅変調または周波数変調され、聴覚または振動によって伝達されて、おもに拡声器またはイヤホン、圧電振動子を介して脳を刺激する無声通信システム。変調された搬送波は、即時に直接送信、または適宜機械的媒体や磁気的媒体や光学的媒体に記録保存し、聴取者に遅延送信または反復送信するものとする。

この特許にそえられた広報資料はこれをもっと平易な言葉で説明している。博士はサブリミナル音をCDに録音し、「人間の感情の状態を静かに誘導し、変化させる」ことができる方法を発明したのである。

ロワリー博士によれば、彼の発明によってつぎのような感情の状態が誘導できるという。

前向きな感情

献身、義務感、誠実、友情、希望、純真、愛情、喜び、誇り、敬意、自愛、崇拝。

後ろ向きな感情

怒り、苦悩、不安、軽蔑、失望、懸念、当惑、嫉妬、恐れ、挫折、悲嘆、罪悪感、憎悪、無関心、憤り、嫉み、哀れみ、憤怒、悔恨、自責、怨嗟、悲しみ、恥辱、悪意、恐怖、うぬぼれ。

前向きが十二で、後ろ向きが二十六である。

それから四年後の一九九六年十二月十三日、ロワリー博士の会社〈サイレント・サウンド株式会社〉がつぎのメッセージを自社のウェブサイトにかかげた。「すべての概略は、(現在)アメリカ政府によって機密に指定されていて、正確な詳細をあきらかにすることは許されていません……。当社はドイツ政府や、旧ソ連諸国のためにもCDを製作しています！　もちろん、合衆国国務省の許可を得てですが……。当社のシステムは〈砂漠の嵐〉作戦（イラク）の全期間を通じて使われ、すばらしい成功をおさめました」

わたしは何週間も休まずに、自分で見つけたオリヴァー・ロワリー博士の電話番号――ジョージア州の市外局番で、アトランタ郊外のどこかだ――にくりかえし電話をかけたが、誰も電話を取らなかった。

やがて、ある日、誰かが受話器を取った。

「もしもし」と声がいった。

「ロワリー博士ですか？」とわたしはいった。

「わたしをそう呼ばないでいただきたい」と彼はいった。

「では、なんとお呼びすればいいのでしょう？」

「バドと呼んでくれ」

わたしは電話の向こうで彼がくすくす笑う声が聞こえる気がした。

「ハミッシュ・マクラーレンと呼んでくれ」それから彼はいった。

わたしはハミッシュ／バド／ロワリー博士に自分の仕事を教え、誰だか知らないが彼のほうは、そのお返しに人生の一部を教えてくれた。彼は七十七歳で、第二次世界大戦に従軍し、元ヒューズ・エアロスペース社の技術者で、心臓バイパス手術など数多くの手術に耐えてきたという。それから、彼は「きみはここ四年のあいだでわれわれを見つけだしたはじめてのジャーナリストだよ」といった。

「〝われわれ〟を見つける?」とわたしはたずねた。

「きみはジョージア州にかけていると思っているのかね?」

彼の声には、かすかにからかっているような調子があった。

「どういうことです?」とわたしはいった。

彼は笑った。

「わたしはジョージア州の市外局番にかけましたよ」とわたしはいった。

電話の向こうでは人の声が聞こえ、たくさんの動きがあるようだった。まるでオリヴァー／バド／ハミッシュがにぎやかなオフィスのなかで電話をかけているように。

「きみはこれからわたしが話そうとしていることをぜったいに活字にできないだろう」と彼はいった。「なぜなら、この会話がそもそもおこなわれたことを証明する手段がないからだ」

「では、わたしはジョージア州にいる誰かと話をしているわけではないんですね?」とわたしはたずねた。

「きみはイギリスをふくむ十六カ国からきた博士がたくさん働いてる研究室の誰かと話をしている。そして、その研究室は三重の有刺鉄線に守られた十四階建ての建物のなかにあって、そこはまちがいなくジョージアではない」

長い間があった。

「では、通話転送を使っているんですか?」わたしは力なくいった。

それが本当かどうかはわからなかった。もしかすると彼は夢想家か、たぶんおもしろ半分にわたしをからかっているのかもしれないが、いったとおり、電話の向こうにはたくさんの声が聞こえるような気がした（ことによると、彼はその声をわたしの頭に植えつけていただけかもしれないが）。

男は、アメリカ軍が二十五年間にわたって耳に聞こえない音の技術を研究してきたといった。彼はこの〝大がかりな〟研究を、原爆開発のマンハッタン計画にたとえた。

男によれば、耳に聞こえない音には、いい音――「子宮内でいい音にさらされた子供は驚くほど賢くなる」――と悪い音があるという。

「われわれは悪者に対して悪い音を利用するだけだ」と彼はいった。

彼はアメリカ軍が最初の湾岸戦争でイラク軍兵士に対して悪いサブリミナル音を使ったが（「われわれは百日間にわたって連中の脳を歪めた」）、それから何年も「サブリミナル的に植えつけられた恐怖を頭から取りのぞくのに大いに苦労した」といった。

「後ろ向きな事柄を取りのぞくのは大仕事なんだよ」彼は軽く笑った。

彼によれば、ITNニュースが一度、最初の湾岸戦争で耳に聞こえない音が使われたというニュースを流したことがあるという。

（ITNがのちにわたしに語ったところでは、そんなニュースを流したことはぜったいにないという。同局の記録データベースのどこを探しても、それに類するものは何一つ見つけられなかった）

彼はいった。「耳に聞こえない音は、窓ごしにレーザー光線を照射して会話を盗聴するのと同じ要領で、窓ごしに人々の頭のなかにつたえることができるんだ。逆に、ごくありふれたメディアで音を伝達することもできる——衛星電話とか、古ぼけたテープレコーダーとか、ステレオラジオカセットを使ってね」

彼はロンドン警視庁がその技術を使っているといったが、どう使っているのかは教えてくれなかった。彼によれば、ロシアもそれを利用しているという。そして、そこでおしまいだった。彼は会話を切り上げた。彼はごきげんようといって電話を切り、わたしは頭がくらくらして、彼がいったすべてのことにまったく確信が持てないまま取り残された。

この男は、世界でも一、二を争うほど古くて信じがたい陰謀理論が真実であることを証明したようだった。わたしにとって、政府が頭にこっそりとサブリミナル音を浴びせ、気分を遠隔操作しているという考えは、政府が軍の格納庫にUFOを隠し、みずからを十二フィートの蜥《とか》蜴《げ》に変身させているという考えとどっこいどっこいだった。この陰謀理論がいつまでもすたれないのは、重要な要素がすべてふくまれているからである——ずる賢い科学者と手を組んだ巨大な政府のひそかな手が、寄生生物《ボディ・スナッチャー》のようにわれわれの心を乗っ取ろうとしているという。

この場合、重要だったのは、グアンタナモ基地の〈ブラウン・ブロック〉で女の子ばかりのフリートウッド・マックのカバーバンドをステレオラジオカセットで聞かされたジャマルの体験が突然、意味をなしたということである。

ジャマルはマンチェスターで会ったとき元気そうだった。わたしは彼に、マッチボックス・トウェンティを聞いたあとでなにかおかしな感じがしなかったかとたずね、彼はなにも感じなかったと答えた。しかし、それをあまり深読みすべきではない。山羊にらみや壁抜けなどの歴史をふりかえってみれば、彼らがジャマルに聞こえない音を浴びせ、それがまったくきかなかったという可能性は大いにあるのだ。

わたしが追いかけられる手がかりが一つだけあった。オリヴァー・ロワリー博士（だか誰だか）は、イゴーリ・スミルノフ博士なる人物の名前をあげていた。イゴーリ・スミルノフは耳に聞こえない音の分野で同様のアメリカ政府の仕事をしているのだという。わたしはスミルノフ博士を探し、モスクワで見つけた。わたしは彼の仕事場に連絡を取り、彼の助手（スミルノフ博士はほとんど英語がしゃべれない）がつぎのような興味深い話を教えてくれた。

これはFBIがいまだに否定していない話である。

イゴーリ・スミルノフは冷戦が終わった一九九三年のモスクワで不遇をかこっていた。彼の家計は火の車だったので、ある夜、ロシア・マフィアが彼の研究室をおとずれ、〈心理矯正研究所〉というやや不気味な名前が記されたベルを押して、もしイゴーリがある気乗り薄のビジネスマンにサブリミナル的に影響を与えて、ある契約にサインさせることができたらたんまり報酬を払うといったときには、もう少しでこの申し出を受けるところだった。しかし、結局、あまりにも恐ろしくて倫理に反するように思えたので、彼はマフィアの誘いをことわった。彼の常連客たち——精神分裂病患者や麻薬中毒患者——は、払いは悪かったかもしれないが、すくなくともマフィアではなかった。

一九九〇年代前半のイゴーリの日々の仕事はこういった感じだった。ヘロイン中毒患者がひどく取り乱して彼の研究室にやってくる。というのも、彼はちかぢか父親になるのだが、どんなに努力しても、これから生まれてくる子供のことよりヘロインのほうが気になるからである。

そこで彼はベッドに横たわり、イゴーリがサブリミナル・メッセージを彼に浴びせる。中毒患者の目の前のスクリーンにそれを投影し、空電雑音にまぎれてイヤホンから流すのである。そのメッセージは、「いい父親になりなさい。父親になることはヘロインよりだいじです」と告げている。とまあ、こういった具合だ。

彼はかつてソ連政府から大いに称賛された人物だった。ソ連政府は十年前アフガニスタンへ向かうソ連軍将兵に耳では聞こえないメッセージを浴びせるようイゴーリに指示した。そのメッセージはこう告げていた。「戦闘前に酒を飲むな」

しかし、一九九三年三月には、そうした栄光の日々は遠い昔の出来事となっていた――その月、イゴーリはなんの前ぶれもなくFBIから一本の電話をもらった。すぐにヴァージニア州アーリントンへ飛んでこられるだろうか？　イゴーリ・スミルノフは好奇心をそそられ、かなり驚いて、飛行機に飛び乗った。

アメリカの情報関係者は長年にわたってスミルノフをスパイしてきた。どうやら、彼は遠くから人に影響をおよぼすシステムを作ることに成功したようだった――相手の頭に声を吹きこみ、遠隔的に人生観を変えることに――たぶん、相手にそんなことをしていると気づかれることなく。これはウィッカム将軍の祈禱グループやガイ・サーヴェリの山羊にらみを機械仕掛けで現実に具体化したものであり、環境音楽作曲家のスティーヴン・ヘルパーンが一九七〇年代後半、ジム・チャノンに提案したのと同様のシステムである。問題は、イゴーリがそれをデイヴィッド・コレシュに対してできるかということだった。

彼はデイヴィッド・コレシュの頭に神の声を吹きこめるだろうか？

安息日再臨派の分派であるカルト集団〈ブランチ・デイヴィディアン〉は、一九三五年以来、最後の審判の日が近づいているといいながらウェイコの周辺で暮らしていた。一九八〇年代後半にヴァーノン・ハウエルが教会の指導者となって、自分がキリスト的人物であり、聖別されし者、『ヨハネの黙示録』で描かれた最後の七番目の御使いであると宣言し、名前をデイヴィッド・コレシュと変えて、自分の信徒たちの分離主義者的ライフスタイルに資金を供給するために非合法で武器を売りだすと、アメリカの連邦アルコール・煙草・火器局《ATF》が関心を持ちはじめた。彼らは世間の注目を集めながら教会に踏みこんだほうが局の士気とPRにいいだろうと考えた。そこで地元のマスコミに情報を流し、〈ブランチ・デイヴィディアン〉は頭がいかれた、わけのわからない宗教団体で、武器をたくさん持っていて（たしかにそうだったが、それは基本的に銃砲店にたくさん武器があるのと同じだった）、自分たちはこれから踏みこむつもりだと語った。

アルコール・煙草・火器局が予想できなかったのは、コレシュがこうした対決を待っていて、それを楽しみにしていたことである。コレシュにとってATFは、新世界秩序とやらを押しつける、邪悪で手のつけられない強圧的な悪徳政府の象徴であり、そうした敵の軍勢から攻撃を受けることは、彼の使命だった。

一九九三年二月二十八日、百人ほどのアルコール・煙草・火器局の捜査官が教会に殺到したが、強制捜索は銃撃戦となり、四人の捜査官が殺害され、銃撃戦は籠城戦へと変わった。

あとにして思えば、この事件全体にはあまりにも見慣れたところがある。ウェイコでアメリカ政府は、アブグレイブ刑務所とまったく同じように、自分自身のグロテスクな戯画のようにふるまった。大きな政府に反対するアメリカの右派は、クリントン政権が自由に生きたいと願う素朴な人たちの生活を強圧的に破壊しているという誇大妄想的な幻想をいだいていた。そして、ウェイコは彼らの陰謀理論が実証された場所だった。イラク国民の大半もアメリカの帝国的享楽主義について同じような突拍子もない陰謀理論——アメリカは手のつけられないほど暴走していて、信心深い人たちに堕落と頽廃を押しつける決意を固めている——を吹きこまれていて、アブグレイブ刑務所はその陰謀理論が実証された場所だった。

しかし、もっと気がかりな類似点がある。デイヴィッド・コレシュの〈ブランチ・デイヴィディアン〉もまた、長いこと待ちのぞまれていた、物事を実地にためしてみる絶好の機会のなかで、モルモットと考えられていたようなのである。

一九九三年当時、アメリカの政府と軍主流派にいる独創的思考の信奉者たちは、彼らの発想をためすのにふさわしい悪者がいないという問題をかかえていた。前途は希望にあふれ、実際、一九八九年にはフランシス・フクヤマというアメリカ国務省の社会科学者がこれは歴史の終わりだと宣言して、全世界から広く称賛されたほどだった。西側の民主的資本主義は歴史上のあらゆるライバルよりすぐれていることが証明され、世界中のいたるところで受け入れられつつある、とフクヤマは書いた。地平線上に不吉な影は何一つなかった。これはやがて、まさに過去最悪の予言であることがあきらかになったが、一九九三年には事実にほかならないように思えた。しかるべき敵に新しい思いつきをためしたいと願う人間にとって、このころは休閑期だった。

そのときウェイコの籠城事件が起きたのである。

最初にためされたのは騒音だった。一九九三年三月中旬、籠城事件のなかばごろに、チベットの仏教徒の読経やかん高いバグパイプの音色、カモメの鳴き声、ヘリコプターの回転翼音、歯医者のドリルの音、サイレン、死にかけた兎の鳴き声、列車の音、ナンシー・シナトラが歌う〈にくい貴方〉が教会に向かって大音量で流されはじめた。このとき音を流していたのはFBIだった。教会にはデイヴィッド・コレシュの信者のうち七十九人がいて、そのうちの二十五人は子供だった（胎児もふくめれば二十七人）。信者の一部は耳に脱脂綿をつめていたが、これはのちにグアンタナモのジャマルやアル・カイムの貨物コンテナに閉じこめられた収監者には与えられなかったぜいたくである。それ以外の者たちは皮肉めかして、ここはディスコだというふりをして楽しもうとした。しかし、それは楽ではなかったと、彼らの一人だったクライヴ・ドイルは電話でわたしに語った。

クライヴ・ドイルは籠城事件を終わらせた火事を生きのびた数少ない人間の一人である。

「連中が歌をそのまま流すことはごくまれだった」と彼はいった。「ゆっくりにしたり、速くしたりして、音を歪めていた。それに、チベットの僧侶はじつに不気味だったな」それから彼はだしぬけにこうたずねた。「連中が例のサブリミナル音をわれわれに浴びせていたと思うかい？」

「わからない」とわたしはいった。「あなたはそう思いますか？」

「どうかな」と彼はいった。「連中がずいぶんいろいろな分野で実験しているとは思っていた。連中はロボットを持っていて、ある日、そいつが車寄せを進んできたよ。大きなアンテナをてっぺんからつきださせて。あれはなんだったんだろう?」

「わかりません」とわたしはいった。

「ときどきFBIはまったく馬鹿みたいだったと思うことがあるよ」とクライヴ・ドイルはいった。「向こうはまさに混沌とした状態だったってね」

たしかにいささか混沌としていたように思えた。わたしが知ったところでは、〈ブランチ・デイヴィディアン〉に浴びせられた騒音の大半は、担当捜査官の妻が提供したものだった。彼女は地元の博物館で働いていた。彼女は騒音をただかき集めて、夫に渡したのである。死にかけた兎の声は例外だった。それはあるFBI捜査官が提供したもので、彼はいつもはそれを定例の狩猟旅行のときにコヨーテを狩りだすために使っていた。FBIはダライ・ラマが苦情の手紙を書いたあとでも、依然として仏教僧の読経を流しつづけた。拡声器担当の捜査員が「夜ほかにすることがなかった」からである。

わたしの推理では、アブグレイブ刑務所とまったく同じような「情報関係者のごった煮状態」が存在して、一人一人が籠城事件をどういう方向へ持っていくかについて自分の考えを持っていたのだろう。考えの一部はジム・チャノンに触発されたものか、彼に触発された人間に触発されたものだった。それ以外の考えはもっといきあたりばったりだった。

FBIの交渉専門家たちは、デイヴィッド・コレシュと彼の補佐役たちとの電話の会話を録音していた。録音テープの抜粋からは、二つのことが浮き彫りになる。教会内の人間たちの意見はいささか恐ろしいくらい一致していた——デイヴィッド・コレシュの意見に。教会の外にいる人間たちの考えは、さらに恐ろしいくらい、まったく一貫性がなかった。

スティーヴ・シュナイダー（ブランチ・デイヴィディアンのメンバー）　あの連中を統率しているのは誰だ？　ちょうどいまそっちに、パンツを降ろしている連中がいる。みんな大人だ。ケツを宙につきだし、中指を立ててこっちを侮辱している。

ＦＢＩの交渉専門家　そうか。ちょっと待ってくれ。戦車に乗ったり、飛行機から飛び降りたりしたがる連中は、きみやわたしとはちょっとちがったものの考えかたをするものさ、きみもそう思うだろう？

スティーヴ・シュナイダー　それは認めるよ。だが、あの連中の上には、誰かがいるはずだ。

ＦＢＩの交渉専門家　たしかにそうだ。

ジム・キャヴァノー（ＦＢＩの交渉専門家）　はっきりさせておく必要があると思うんだ。あのヘリコプターには銃は積んでいない。

デイヴィッド・コレシュ　嘘だ。嘘にきまってる。いいか、ジム、おまえはとんでもない嘘つきだ。まじめにやろうぜ。

ジム・キャヴァノー　デイヴィッド、わたしは――

デイヴィッド・コレシュ　だめだ、聞け。おまえはぬけぬけとあのヘリコプターに銃を積んでいないというつもりか？

ジム・キャヴァノー　連中は撃たないといったんだ。

デイヴィッド・コレシュ　おまえはとんでもない嘘つきだ。

ジム・キャヴァノー いや、それはちがうよ、デイヴィッド。
デイヴィッド・コレシュ この嘘つきめ。
ジム・キャヴァノー いいだろう。なあ、ちょっとおちついて……。
デイヴィッド・コレシュ いやだ！ いいか、ちょっといわせてくれ。マスコミにそんなことは信じてもらいたくないかもしれないがな、だがほかにも見た者がいるんだ。さあ、白状しろ、ジム、あんたはあのヘリコプターがこっちの人間を誰も撃たないと、嘘いつわりなくいうつもりか？
ジム・キャヴァノー （長い沈黙のあとで） デイヴィッド？
デイヴィッド・コレシュ 聞いている。
ジム・キャヴァノー ああ、そうとも、その、わたしがいっているのは、あのヘリコプターには銃は固定装備していないということだ。わかるね？ ヘリコプターから発砲があったかもしれないという事実に疑いをさしはさむつもりはない。わたしのいっていることがわかるかね？
デイヴィッド・コレシュ あー、いや。
氏名不詳の少女 彼らはわたしを殺しにくるの？
氏名不詳の交渉専門家 いいや。誰もそこへはいかないよ。誰もいかない。

そして、以下は籠城事件のなかほどでおこなわれた記者会見の抜粋である。

ジャーナリスト　ミスター・リックス、心理戦術を使うことは検討されていますか？　それについて少しでも話し合ったことはありますか？

ボブ・リックス（FBIのスポークスマン）　わたしには心理戦術というのがどういうことかわかりません。

ジャーナリスト　新聞では、FBIが騒々しい音楽を流し、施設に一晩中まぶしいライトを向けて、集団全体を動揺させようとしていると報じられています。それは可能なんですか？

ボブ・リックス　その種の戦術について話し合うつもりはありませんが、その種の活動をおこなう可能性はきわめて少ないと申し上げます。

わたしはボブ・リックスに会ったことがある。彼はFBI内部でウェイコ籠城事件をもっとも声高に批判した一人だったし、オクラホマ州北部のエロウヒム・シティーという場所で白人至上主義者の集団に同様の強制捜索がおこなわれるのをほとんど一人で防いだ人物である。わたしはボブ・リックスが記者会見で嘘をついていたとは思わない。FBIの左手は右手がなにをやっていたのか知らなかったのだと思う。

ウェイコでは、アブグレイブ刑務所とまったく同じように、ジム・チャノンのような考えかたをする人間たちは手をこまねいて、中指を立てる連中やヘリコプターの狙撃手たちが出番をもらうのを待たねばならなかったようだ。

わたしの推理では、音楽を大音量で聞かせるのは、その四年前にパナマ・シティーで起きた同様の出来事にヒントを得たのだろう。パナマではスタッブルバイン将軍とマヌエル・ノリエガ将軍が、二人の魔法使いが山の上に立ってたがいに稲妻を投げ合うように、長いこと戦いをくりひろげていた。スタッブルバイン将軍はノリエガに超能力スパイをけしかけ、ノリエガのほうは小さな紙切れを靴に入れてそれに対抗するといった具合に。

ノリエガがついにパナマ・シティーのヴァチカン大使館に姿を現わすと、心理作戦部隊はトラックにつけた拡声器を持って現場に駆けつけた。拡声器は建物にガンズ・アンド・ローゼズの〈ウェルカム・トゥー・ザ・ジャングル〉をくりかえし大音量で浴びせるために使われた。もしこの出来事がジム・チャノンのマニュアルに（直接または間接に）ヒントを得たのだとしたら、ノリエガが第一地球大隊のべつの発想についに打ち負かされたのは妥当なことである。ノリエガは、スタッブルバイン将軍が壁抜けに集中できないほど彼に面倒をかけたのだから。

わたしはウェイコの籠城事件を目撃したジャーナリストや情報部員など十人以上の人間に電話をかけ、音楽とアンテナつきロボット以外になにか奇妙な出来事を知らないかとたずねた。そのうちの三人が同じ話をした。わたしにはそれを証明できないので、依然として噂のままだ——もっともらしく聞こえるが、しかしまた、まったくありえなさそうにも思える噂である。

わたしが聞いた噂には、ここで仮にミスターBと呼ぶ男が関係している。彼は一九七二年にアメリカ軍に入隊し、一九七三年から一九八九年までのあいだ、フォート・ブラッグ基地の特殊部隊にいた。そこで彼はスタッブルバイン将軍に触発されたさまざまなスーパー兵士計画に参加した。その結果、彼は——わたしが話したある男の言葉では——「軍だけでなく政府全体のなかでもっとも優秀な隠密侵入屋」になった。

ミスターBは見られることも聞かれることもなく、どこへでも侵入できた。彼は誰の目から見ても、グレン・ホイートンがいう〈ジェダイの戦士〉の能力のレベル3、つまり透明になる能力を驚くべきことにすべてマスターしていた。しかし、ミスターBはその力を悪用した。彼は一九八九年に複数の女性のアパートに侵入して強姦した罪で有罪となったのである。彼は終身刑を宣告された。

ある匿名兵士は、ミスターBが一九九三年四月十八日にこっそりとデイヴィッド・コレシュの教会に入るところを目撃したと語った。たぶんミスターBは刑務所に四年間入っていたせいで、力が弱くなっていたのだろう。その兵士は即座に彼を見分けたからだ。この兵士はそのときはなにもいわなかった。自分が極秘活動を目撃したことがわかっていたからだ。きっと情報機関がミスターBを刑務所から釈放したのだろう。

噂はこういう具合に終わる。ミスターBはコレシュの施設に入って、盗聴装置がちゃんと機能していることをたしかめ、機能していないものは直し、ふたたび施設から出ると、コロラドの刑務所の監房につれもどされて、神と出会った。彼はわたしがインタビューすることをことわった。もはや過去に拘泥《こうでい》したくないというのである。

彼は今日にいたるまで重警備刑務所にいる。

この話は依然として噂のままだが、イゴーリ・スミルノフ博士がウェイコの籠城事件に関係したことは事実と見なしてさしつかえない。

FBIはスミルノフ博士を飛行機でモスクワからヴァージニア州アーリントンへ運び、そこで彼はFBIやCIA、国防情報局、先進研究計画局の代表たちと会議の席に着いた。考えているのは電話線を利用することだ、と情報部員たちは説明した。FBIの交渉専門家がいつものようにコレシュと取り引きをし、その裏で、耳には聞こえない神の声がコレシュに、FBIが神にいわせたがっていることをなんでも吹きこむというわけだ。

それは可能だ、とスミルノフ博士はいった。

だが、そこで官僚主義が交渉にしのびこんできた。FBIの捜査官は、この試みがなんらかの理由で〈ブランチ・デイヴィディアン〉を集団自殺に追いこむのではないかと不安に思っているといった。もし頭にサブリミナル的に吹きこまれた神の声のせいで彼らが本当に自殺したら責任を取るという趣旨の書類に、スミルノフ博士は署名してくれるだろうか?

スミルノフ博士はそういう書類に署名するつもりはないといった。

そこで会議はお開きになった。

ある捜査官は、うまくいかなかったのは残念だとスミルノフ博士にいった。当局は神の声を演じさせるためにある人物をすでに説き伏せてあったのだという。

もしスミルノフ博士の技術がウェイコで使われていたら、神の役はチャールトン・ヘストンがやるはずだった、と捜査官はいったのである。

わたしはジョージア州を横断しながら、サブリミナル音の特許を持つオリヴァー・ロワリー博士との電話でのやりとりについてずっと考えていたので、思いきってわたしが知っている彼の所番地の前をちょっと通りすぎてみることにした。住所はアトランタ郊外のある場所だった。わたしは自分が普通の家を見つけることになるのだろうか、それとも三重の有刺鉄線に守られた十四階建ての建物のようなものを目にすることになるのだろうかといぶかった。強風が荒々しく吹きつけて、わたしは車がひっくり返されるかと思った。

それは中産階級が住む草の茂った通りに面した、ごく普通のちょっと傾いた木造住宅で、葉が激しく舞っていたために、わたしはフロントガラスのワイパーを動かさなければならなかった。

わたしは車を止め、強風から身をかばいながら、車寄せを近づいていった。わたしはかなり神経質になっていた。ドアをノックした。すべてはあっというまだったので、わたしにはドアを開けた人物の姿を描写することさえできない。白髪を風になびかせた、七十代のいかつい感じの男だったような印象がある。

わたしはいった。「お宅に突然おじゃまして、まことにすみません。以前電話をさしあげた――」

彼はいった。「あんたが車に戻る途中で風に吹き飛ばされなけりゃいいんだがな」

それから彼はわたしの目の前でドアを閉めた。

わたしは車寄せを戻っていった。そのとき、わたしはもう一度彼の声を聞いた。わたしはふりかえった。彼はドアの細いすき間からなにごとか叫んでいた。彼はこう叫んでいた。「風があんたを吹き飛ばさなけりゃいいんだがな」

わたしはぎごちなく微笑んだ。

「せいぜい気をつけることだ」と彼は叫んだ。

13　いくつかの説明

二〇〇四年六月後半、わたしは以下のようなEメールを書き、そのメールをジム・チャノンと、わたしがこの二年半に取材した関係者のうち、ジムのマニュアルではじめて提案されたような心理学的尋問手段が現在どう応用されているかについて内情をいくらかでも知っていそうな人たち全員に送信した。わたしはこう書いた。


親愛なる――

お元気でお過ごしのことと思います。

わたしはグアンタナモ基地に収監されていたイギリス人の一人(無実とわかって釈放されました)とのインタビューで、とても奇妙な話を聞きました。軍情報部隊の係官たちが尋問のある時点でステレオラジオカセットといっしょに彼を部屋に放置したというのです。彼らは一連のCDを彼に聞かせました――フリートウッド・マック、クリス・クリストファーソンなど。その音楽を大音量で彼に浴びせたわけではありません。普通のボリュームでただ流したのです。この人物は西洋生まれですから、わたしは彼らが西洋の音楽を彼に聞かせて改宗させようとしていたわけではないと確信しています。そのため、わたしはこのように考えざるをえません……。

……周波か？　サブリミナル・メッセージか？

あなたはこれについてどう思われますか？　周波やサブリミナル音がたしかにアメリカ軍によって使われた事例をご存じですか？

敬具

ジョン・ロンスン

すぐに四件の返事が返ってきた。

シド・ヒール警視（〈ブーチャ効果〉について教えてくれたロサンゼルス保安官局の非殺傷性武器の専門家）

じつに興味深いが、わたしはまったく知らない。サブリミナル・メッセージを忍びこませることができるのは知っているし、それが強い影響力を持っていることもわかっている。アメリカにはそれを禁じる法律があるが、きみが説明したような使われかたはまったく承知していない。しかし、わたしはそれが機密扱いで、「知る必要がある」人間以外にはまったく気づかれていないのだろうと想像する。もしそれが周波なら、たぶん可聴周波数帯に入っていなければならないだろう。でなければ、ほかの音でそれを隠す必要はないからね。

スキップ・アトウォーター（スタッブルバイン将軍の元超能力スパイ徴募係）

この活動が意図的であることは確かだ。もしきみがこの件について誰かにしゃべらせることができたら、このテクニックの「成功率」を知って興味をおぼえるだろう。

ジム・チャノン

きみがいっている話は、ただの思いやりにほかならないようにわたしには思えるね（そうしたものはいまも存在するんだ）。

わたしはジムがおもしろいほどだまされやすいのか、それとも怒りに判断を狂わされているのか、それとも如才なくはぐらかそうとしているのかを決めかねた（アート・ベルの番組で超能力部隊の存在を暴露した謎めいた人物であり、ジムの隣人でもあるエド・デイムズ少佐は、一度ジムについて意外な評をのべたことがある。彼はこういったのだ。「ジムのヒッピー風のふるまいにだまされるな。ジムにはうわついたところなどまったくない。彼は地元の軍閥のようなものだ。ハワイのあの部分を動かしているんだ。ジムはじつに抜け目のない男だよ」）。つづいてジョン・アリグザンダー大佐がわたしのEメールに返事をくれた。アリグザンダー大佐は、依然としてアメリカ陸軍の非殺傷テクノロジーをリードする先駆者である。彼はジム・チャノンのマニュアルを読んでそれに影響を受け、ある程度自分でその役割を創設したのである。

アリグザンダー大佐

彼が無実だときみが断言した件について。だとしたら、なぜアフガニスタンで捕虜になったんだ？　わが軍が到着したとき偶然あそこを旅していたイギリスの旅行者がたくさんいたとは思えない。それとも、もしかしたら彼は博士論文の一環としてタリバンの進歩的な社会秩序を研究する文化人類学者で、その学識からあやまって勾留されたのかもしれないな。もしきみがその男の話を信じるのなら、もしかしたらついでにわたしから橋を買うことに興味はないかね？　音楽についてだが、わたしにはどういうことなのか見当もつかない。たぶんハードロッカーたちはそれを残酷かつ異常な刑罰と考え、拷問の証拠としてアムネスティー・インターナショナルに報告したいかもしれないな。

尋問に音楽が使われている件で冗談をとばされても、もはやそうおもしろくは思えなかった——わたしには。大佐がおもしろがっていたとも思えない。アリグザンダー大佐は、みずからの関与を言葉たくみに否定する世界で人生をすごしてきたし、こうした反論を待ってましたとばかりに持ちだす段階にきているのだと思う。アリグザンダー大佐は四カ月間アフガニスタンで陸軍に助言して戻ってきたばかりだったが、なにを助言したのかは教えてくれなかった。

わたしは彼にEメールで返事を送った。

軍におけるサブリミナル音や周波の使用に関して、なにか教えていただけることはありますか？　いまこの世でその質問に答える知識を持つ人間がいるとすれば、それはまちがいなくあなたです。

すぐに彼から返事が返ってきた。アメリカ陸軍がサブリミナル音や周波を利用する可能性を検討したことがあるなどというわたしの主張は「まったく筋が通らない」と彼はいった。

それも妙な話だ。

わたしはこの前の夏、大佐におこなったインタビューをひっぱりだした。その時点では、わたしは音響兵器にそれほど関心がなかった——わたしはねばねばの泡と山羊にらみのことを探りだそうとしていたのである——が、いま思いだすと、会話は音響兵器のことに少し触れていた。

「陸軍は誰かにサブリミナル音を聞かせたことがありますか?」とわたしは彼にたずねた。

「見当もつかない」と彼は答えた。

「〝心理矯正〟装置とはなんですか?」

「見当もつかない」と彼は答えた。「現実に基づくものではない」

「耳に聞こえない音とはなんですか?」

「まったく見当もつかない。わたしには矛盾した言葉のように思えるね」

彼はけわしい表情をわたしに見せた。その表情は、わたしがジャーナリストのふりをしているが、じつは危険で道理をわきまえない陰謀マニアだといっているように思えた。

「もう一度名前を聞かせてもらえるかな?」と彼はいった。

わたしは当惑で顔が赤くなるのを感じた。突然、アリグザンダー大佐がひどく恐ろしく思えてきた。ジム・チャノンはマニュアルの一ページを割いて、戦士僧がはじめて敵や見知らぬ人間に会ったときに浮かべるべき表情を説明している。「ゆるぎなく、かすかだが、心に残る笑み」とジムは書いている。「嘘いつわりのない人間は誰といてもくつろいで打ち解けることをしめす、深くて、まばたきをしないまなざし。進んで相手を受け入れる気であることをしめす、物静かで、おちついた視線」いまアリグザンダー大佐は、心に残る、まばたきをしない視線としかいいようのないものをわたしに向けていた。

わたしはもう一度自分の名前を教えた。

彼はいった。「妖精の粉だ」

「なんですって？」とわたしはいった。

「その件はまだ話題にしていないし、非殺傷技術についてはすでに徹底的に語りつくした」と彼はいった。「われわれは人間の脳を歪めたり、人々を監視したりといったことはしていない。そんなことはまったく馬鹿げている」

「頭が混乱しているんですが」とわたしはいった。「この問題についてはよく知らないのですが、わたしはあなたの名前が〝心理矯正装置〟と呼ばれるものと結びつけられているのをたしかに見ました」

「それは理解に苦しむな」と彼はいった。困惑しているようだった。やがて、彼はこういった。ああ、そうだ、その種のことが話し合われている会議に出席したことがある。だが、そうした装置が実際に機能するという証拠はない、と。「自分たちに影響をおよぼさずに、どうやってそれ（耳に聞こえない音を誰かに浴びせること）をやるんだね？　その場にいる人間は全員それを聞くことになるのではないか？」

「耳栓とか?」とわたし。

「おいおい、よしてくれ」と彼はいった。

「もちろんそうですね。おっしゃるとおりだ」

それから会話は山羊をにらみ殺すという話題に移っていき――「科学的に管理された環境でだ」とアリグザンダー大佐はいった――そのとき、彼はその偉業を達成したのがマイクル・エイチャニスではなく、ガイ・サーヴェリだといったのである。

「自分たちに影響をおよぼさずに」どうやって耳に聞こえない音を誰かに聞かせるのか?

そのときはそれが反論の余地のない主張に思えた。人間の頭に声を吹きこむマインドコントロール装置についてインターネットで出まわっている誇大妄想的理論を全部お払い箱にできる主張だと。もちろん、そんなことができるわけはないのだ。じつのところ、アリグザンダー大佐を信用すると気が楽になった。自分がまた理性的になったような気がしたからだ。大佐の視線がほのめかしているような変人ではないと。いまやわれわれはふたたび、賢いやりかたで理にかなったことを話し合う二人の理性的な人間――大佐とジャーナリスト――となった。

問題は、もし耳に聞こえない音が実際にグアンタナモ基地の尋問室のなかでジャマルに対して使われていたのなら、ジャマルの証言のなかに手がかりがあるということだった。アリグザンダー大佐が指摘した悩ましい問題を、軍情報部隊がたくみに解決したことをしめす手がかりを。わたしはいまそのことに気づいた。

「彼はCDをかけて、部屋を出ていった」とジャマルはいっていた。

つぎにわたしは最近流出した『非殺傷性武器――用語集と参考文献』と題する軍の報告書を

ひっぱりだした。そこにはさまざまな開発段階にある音響兵器が全部で二十一リストアップされている。そのなかには、超低周波不可聴音（「長い距離を伝播し、大半の建物や車輛をやすやすと貫通できる、きわめて低周波の音……生物物理学的効果――吐き気、下痢、見当識障害、嘔吐、潜在的内臓障害、もしくは死が引き起こされる可能性あり。超音波にまさる……」）

そして、最後から一つ前の項目には、心理矯正装置とある。これは「対象にサブリミナル・メッセージを植えつけることで、視覚的もしくは聴覚的な影響をおよぼすものである」。

わたしは表紙をひっくりかえした。するとそれはそこにあった。この文書の共著者はジョン・アリグザンダー大佐だったのである。

こうしてわれわれのEメールのやりとりはつづいた。

わたしは本書にグアンタナモ基地の話に対する大佐の見解を掲載する許可を求め、彼はこう返答してきた。

　きみがなにをさしてグアンタナモ基地の話といっているのかはっきりしない。わたしはこの件全体をもっとずっと大きな視点でとらえている。私見によれば、第X次世界大戦が勃発していて、しかもそれは宗教戦争だ。われわれはいま、終わりのない戦争で捕らえた捕虜をどう扱うかという問題に直面している。いままで誰もそれを問うたことはない。昔ながらの解決法は（過去数千年にわたって）、捕虜を殺すか、奴隷にするというものだ。こんにちの環境でそれをやるのはむずかしい。

彼の得意分野についてわかっていることからして、わたしには大佐の代案がなにかは明白に思えた。もし敵を殺すか、もしくは永遠に収監できないのなら、アリグザンダー大佐の手元にはまちがいなく一つの選択肢しか残されていない。敵の考えを変えさせるのだ。『第一地球大隊作戦マニュアル』は、「群衆に対してエネルギーを指向できる」装置の開発を奨励していた。歴史をふりかえってみると、アメリカが大きな危機に直面するとかならず、軍の情報機関は思考コントロールという考えに引きつけられるように思える——テロとの戦いしかり、ベトナム戦争の悪夢とその余波しかり、冷戦しかり。彼らはあらゆる種類の突拍子もない計画をためしてみることを提案する。そして、それらの計画はどれも、実際に遂行されるまではこっけいに思えるのである。

わたしはアリグザンダー大佐にEメールを送り、彼が実際にはある種のマインド・コントロール装置を使うことを提唱しているのかどうかたずねた。すると彼はやや後悔するように、少し用心深くこう答えた。「もしわれわれが実際に精神を攪乱させる挙に出れば、そのときはマインド・コントロールの陰謀という論争全体がまた蒸し返されるよ」

彼がいっているのは、MKウルトラ計画のことだった。

これは実際、二〇〇四年にアブグレイブ刑務所の写真が浮上するまではまちがいなく、アメリカの情報機関がかつて体験した最悪のPRといってよかった。ジム・チャノンはかつて彼の崇拝者の一人がわたしに語ったように、既成の概念にとらわれないアメリカ陸軍という発想をほとんど一人で思いついたが、彼の前にはすでにCIAという先駆者がいた。誰もがいまだにMKウルトラ計画の傷をかかえていたのである。

14　一九五三年の家

メリーランド州フレデリックには、一九五三年以来ほとんど手を触れられてない一軒の家がある。それは、みすぼらしい冷戦博物館の展示物のようだ。五〇年代アメリカの楽天主義の陽気なシンボルともいうべきあざやかな色の合成樹脂製家具や安ぴかなキッチン装飾は、時の試練に耐えてはいない。

エリック・オルソンの家は、少し装飾をやりなおす必要があったし、エリックもまっさきにそのことを認めるだろう。

エリックはここで生まれたが、フレデリックという町がまったく好きになれず、この家もぜんぜん好きではなかった。高校卒業後、できるだけ早くこの町を離れ、オハイオやインド、ニューヨーク、マサチューセッツを転々として、フレデリックに戻り、またストックホルムやカリフォルニアに移り住んだが、一九九三年に数カ月ほどちょっとやっかいになるつもりで戻ってきて、それから十年の月日が流れていた。そのあいだ、彼は三つの理由で家の装飾に手を入れなかった。

1　金がないから。

2　ほかのことに関心があるから。

3　そして、彼の人生は一九五三年十一月二十八日に突然止まってしまったから。もし生活環境がその人の精神生活を反映するものだとしたら、エリックの家はその役目をりっぱにはたしている。それはエリックの人生がぴたりと止まった瞬間を否応なしに思いださせてくれる。もし「自分はなぜこんなことをしているのだろうか」とふとわからなくなることがあれば、自分の家を見まわすだけでいい、そうすれば一九五三年がすぐさま心によみがえってくると、エリックはいう。

エリックは、一九五三年がたぶん現代史上もっとも意味深い年であるといっている。われわれはみな一九五三年にとらわれているのだという。その年の出来事がわれわれの生活にいまも圧倒的な影響をおよぼしているからである。彼は一九五三年に起きた重要な出来事の一覧表をざっとならべ立てた。

エヴェレストがついに征服された。ジェイムズ・ワトソンとフランシス・クリックが《ネイチャー》誌にDNAの二重螺旋構造を解きあかした有名な論文を発表した。エルヴィス・プレスリーがはじめてレコーディング・スタジオをおとずれ、ビル・ヘイリーの〈ロック・アラウンド・ザ・クロック〉で世にロックンロールが登場し、その結果、ティーンエイジャーが生まれた。アメリカが水素爆弾を開発したことをトルーマン大統領が発表した。ポリオ・ワクチンとカラーテレビが発明された。そして、アレン・ダレスCIA長官が、プリンストン大学の同窓生たちの前で講演して、そのなかでこう述べた。「心理戦は冷戦の重要な戦場であり、われわれはどんなことがあってもそれに勝利しなければならないのです」

一九五三年十一月二十八日の夜、幸せな九歳の少年だったエリックはいつものように床についた。一家の家は築三年で、父のフランクはまだ仕上げの手を入れつづけていたが、いまは仕事でニューヨークにいた。エリックの母のアリスは廊下の先で寝ていた。弟のニールスと妹のリーサはとなりの部屋にいた。

やがて、夜明け近くに、エリックは起こされた。

「ひどく薄暗い十一月の夜明け前だった」とエリックはいった。

エリックは母親に起こされて、パジャマ姿のまま廊下を居間のほうへつれていかれた——いまわたしたちはその同じ部屋、同じソファに座っていた。

エリックが隅のほうを向くと、家族のかかりつけの医者がそこに座っていた。

「そしてさらに」とエリックはいった。「その二人の……」エリックはその二人を形容する適当な言葉を探した。「その二人の……男が……いっしょにそこにいた」

男たちはエリックの父親が死んだという知らせを運んできたのだった。

「どういうことですか?」エリックは不機嫌な態度でたずねた。

「お父さんは事故にあってね」と男の一人がいった。「事故というのは、窓から落ちたか、飛び降りたということだが」

「なんですって?」とエリックはいった。「お父さんがなにをしたんですって?」

「ニューヨークで窓から落ちたか、飛び降りたんだ」

「どんなふうに?」とエリックはたずねた。

この質問は沈黙で迎えられた。エリックが肩ごしに母親のほうを見ると、母親はうつろな目をしてその場で凍りついていた。

「どうしたら窓から落ちるんです？」とエリックはいった。「どういう意味です？　なぜお父さんがそんなことをするんです？　落ちたか飛び降りたかって、どういう意味です？」

「落ちたかどうかわからないんだ」と男の一人がいった。「お父さんは落ちたのかもしれない。飛び降りたのかもしれない」

「飛び降り自殺したんですか？」とエリックはたずねた。

「いずれにせよ、事故だったんだ」と男の一人はいった。

「でっぱりに立っていて、飛び降りたんですか？」とエリック。

「仕事に関連した事故だったんだ」と男の一人。

「なんですって？」とエリックはいった。「お父さんは窓から落ちて、それが仕事に関連していた？　なんの仕事です？」

エリックは母親のほうを向いた。

「ねえ」と彼はいった。「お父さんの仕事ってなんだっけ？」

エリックは父親が民間の科学者で、近くのフォート・デトリック軍事基地で化学物質を取り扱っていると信じていた。

エリックはわたしにいった。「これはすぐに、家庭内で驚くほど憎しみをかきたてる話題になった。というのも、わたしはいつも、『悪いんだけれど、お父さんはどこへいったの？　その話をもう一度してよ』という子供だったからだ。お袋のほうはすぐに、『ねえ、その話はもう千回もしてあげたでしょう』という態度を取る。すると、わたしはきまって、『ああ、でもわからないんだ』といったものさ」

エリックの母親は、エリックに提供されたのと同じわずかな事実から、こういうシナリオを作り上げた。フランク・オルソンはニューヨークにいた。マンハッタンのミッドタウンにある、マディスン・スクエア・ガーデンの向かいの〈ステトラー・ホテル〉、現在の〈ペンシルヴェニア・ホテル〉の十階に泊まっていた。彼は悪夢をみた。頭が混乱して目をさました彼は、暗闇のなかをバスルームへ向かった。そして、方向がわからなくなって、窓から落ちたのである。

時刻は午前二時だった。

エリックと弟のニールスは学校の友だちに、父親が「致命的な神経衰弱」で亡くなったと話したが、それがどういう意味なのかはわからなかった。

フォート・デトリック基地は町を一つにまとめている存在だった。友だちの父親は全員、そこで働いていた。オルソン家は依然として近所のピクニックやそのほかの地域社会の行事に招かれていたが、一家がもはやここにとどまる理由はないように思えた。

エリックが十六歳のとき、彼と当時十二歳だったニールスは、自宅の私道の端からサンフランシスコまで自転車でいってみようと決意した。そんなに若いのに、エリックは二千四百十五マイルの旅を比喩として見ていた。彼は未知のアメリカの大地にどっぷりとつかりたかったのである。不可解な理由で彼から父親を奪った謎めいたアメリカに。彼とニールスは、「一本の糸をたどって少しずつ持続的に動きを積み重ねていくことで」、ゴールのサンフランシスコへたどりつくつもりだった。エリックの頭のなかでは、これは彼がいつの日か同じような入念な方法でたどりつく気でいるべつのゴールのための試験走行だった。午前二時にニューヨークのあのホテルの部屋で父の身に起きた出来事の謎を解きあかすという。

わたしはエリックの家で長い時間をすごし、彼の文書に目を通したり、写真をめくったり、ホーム・ムービーを見たりした。自転車の横に立つ十代のエリックと弟ニールスの写真があった。エリックはその写真に〈陽気な自転車乗りたち〉という題をつけていた。二十年前にエリックの父フランクが庭で子供たちと遊んでいるところを撮った八ミリ・フィルムもあった。

それからフランク・オルソンが死の数カ月前にヨーロッパを旅したとき自分で撮ったフィルムもいくつかあった。ビッグ・ベンやバッキンガム宮殿の衛兵交代があった。ベルリンのブランデンブルク門があった。エッフェル塔も。まるで家族旅行のようだったが、家族はいっしょではなかった。そうした八ミリ・フィルムではフランクといっしょに旅をした仲間たちの姿をときおりちらりと見ることができる。黒っぽい長いコートを着て、中折れ帽をかぶった三人の男たちが、パリの歩道のカフェで、通り過ぎる若い娘たちをながめている。

わたしはそれを見たあとで、一九九四年六月二日にエリックの友だちが撮ったホーム・ムービーを見せてもらった。それはエリックが父親の遺体を掘り起こさせた日である。

墓掘り人が土を掘り返している。

棺桶がトラックの後ろに騒々しく担ぎあげられるあいだに、地元の女性ジャーナリストがエリックに質問をする。「これを考えなおしてみたことはありますか、エリック?」

彼女は墓掘り人がたてる音に負けないように叫ばねばならなかった。

「とんでもない!」とエリックは答えた。

「わたしはあなたが考えなおすことをずっと期待していますよ」とジャーナリストは叫んだ。

つぎにフランク・オルソン本人が登場する。ワシントンのジョージタウン大学の病理学研究室の死体仮置台の上で茶色くしなびた姿で。片脚は折れ、頭に大きな穴があいている。

そのあと、このホーム・ビデオのなかではエリックは家に戻っていて、電話で浮き浮きとニールスに話しかけている。「きょう、父さんに会ったよ！」

エリックは受話器を置くと、ビデオカメラを持った友だちに、自分とニールスが一九六一年に自宅の私道の端からサンフランシスコまでずっと自転車を走らせた話を聞かせる。

「雑誌の《ボーイズ・ライフ》で十四歳の子供が自転車でコネチカットから西海岸までいったという記事を見たんだ」とエリックはいった。「そこでわたしは、うちの弟は十二歳でわたしは十六歳だから、足して二で割れば十四歳になる、だったら自分たちにもできると思ったのさ。わたしたちは例のやたら重い二速のお揃いの自転車を持っていたから、すぐそこから出発した。ルート西四十号線をね。その道はずっとつづいているって聞いていたんだ！　そして、わたしたちはやり遂げた！　最後まで走り抜いたんだ！」

「まさか！」とエリックの友だちはいった。

「本当さ！」とエリック。「わたしたちは国を横断したんだ」

「無理だよ！」

「信じられない話だがね」とエリックはいった。「それに、うちの弟より年下でアメリカを横断した者の話は聞いたことがない。いるとは思えないね。考えてみれば、十二歳で、二人きりなんだ。結局七週間かかったし、最初から最後まで信じられない冒険の連続だったな」

「野宿したのかい?」

「野宿さ。農家の人がよく家に泊まれとさそってくれた。カンザス・シティーでは、警察が家出と勘違いしてわたしたちを捕まえたけれど、そうじゃないとわかると、留置場に泊めてくれたよ」

「それで、お袋さんはきみたち兄弟がそんなことをするのを許してくれたのかい?」

「ああ、それはちょっと信じられない謎のようなものなんだが」

(エリックの母親は、この映像を撮った一九九四年の時点ではすでに亡くなっていた。彼女は一九六〇年代からこっそり隠れて酒を飲みはじめ、バスルームに鍵をかけて閉じこもり、錯乱状態のみじめな姿で出てくるようになった。エリックは母親が生きているあいだは父の遺体を掘り起こさせるつもりはなかった。彼の妹のリーサもまた、夫と二歳の息子といっしょに亡くなっていた。一家は飛行機でアディロンダックスへ向かっていた。そこの製材所に投資するつもりだったのだ。飛行機は墜落し、乗っていた全員が死亡した)

「ああ」とエリックはいった。「お袋がわたしたちをいかせてくれたのは、信じられない謎だったが、わたしたちはいろいろな場所から週に二度、家に電話を入れていたし、フレデリックの地元紙が週に二度、〈オルソン兄弟、セントルイスに到着!〉といった記事を一面に載せてくれたからね。あのころは国中いたるところに〈ハロルドのクラブ〉という店を広告する看板が立っていた。リノの大きな賭博カジノさ。かつては世界最大のカジノだった。そして、そこのキャッチフレーズは〈なにがなんでもハロルドのクラブ!〉だった。わたしたちは毎日〈なにがなんでもハロルドのクラブ!〉と書いた看板を目にした。それは旅のスローガンのようなものになった。

リノにつくと、わたしたちは若すぎて〈ハロルドのクラブ〉に入れないことに気づいた。そこで、〈なにがなんでもハロルドのクラブ！〉と書いた看板を作って、自転車の後ろにくくりつけ、〈ハロルドのクラブ〉へいってみようと決心した。誰だか知らないがハロルドに、自分たちはこの看板をつけて全米を横断してきて、どうしても〈ハロルドのクラブ〉が見たくてたまらないんです、といってみようと思ったんだ。そこで、わたしたちはドラッグストアに入っていった。古いボール紙の箱を手に入れ、クレヨンを何本か買って、この看板を書きはじめた。

クレヨンを売ってくれた女性がこういった。『あなたたちなにをしているの？』

わたしたちは答えた。『〈なにがなんでもハロルドのクラブ！〉の看板を作って、ハロルドにぼくたちがずっと自転車で……』

彼女はいった。『あの人たちはずいぶん頭が切れるからねえ。そんな手にはひっかからないわよ』

そこでわたしたちはその看板を仕上げると、それを通りに持ちだして地面に置き、足で地面にこすりつけてから、自転車の後ろにしばりつけた。それから〈ハロルドのクラブ〉へ向かい、大きな入り口のところへやってくると――〈ハロルドのクラブ〉はじつに巨大な建物で、文字どおり世界最大の賭博カジノだったんだ――そこにはドアマンがいた。

ドアマンは、『きみたち、なんの用かな？』といった。

わたしたちは、『ハロルドに会いたいんです』と答えた。

彼は、『ハロルドはここにはいないよ』といった。

『じゃあ、誰がここにいるんですか？』

『ハロルド・シニアはここにいないが、ハロルド・ジュニアはいるよ』

『だったらいいです、ハロルド・ジュニアをお願いします』

『いいよ、ちょっと見てきてあげよう』

すぐにしゃれたカウボーイ・スーツの伊達男が颯爽とした足取りで外へ出てくる。ハンサムな男だ。彼はこっちへやってくると、わたしたちの自転車を見てこういうんだ。『きみたち、なにをしているんだね？』

わたしたちはいった。『ハロルド、ぼくたちは自転車でアメリカを横断しているところで、ずっと〈ハロルドのクラブ〉を見たいと思ってきたんです。汗水垂らして砂漠を越えてきました』

すると彼はいった。『だったら、入りたまえ！』

わたしたちは結局、〈ハロルドのクラブ〉に一週間滞在した。彼はわたしたちをヘリコプターに乗せてリノ中をまわり、しゃれたホテルに泊めてくれた。そして、わたしたちが帰るとき、彼はこういったんだ。『きみたちは〈ディズニーランド〉を見たいんじゃないかい、そうだね？　だったら、友だちのウォルトに電話をかけさせてくれ！』

そこで彼はウォルト・ディズニーに電話をかけた——そして、これはわたしの人生でも一、二を争う心残りなんだが——ウォルトは家にいなかったのさ」

わたしはなぜエリックが父親の遺体を掘り返させた日の夜に〈なにがなんでもハロルドのク

ラブ〉の話を友だちにしてすごしたのだろうといぶかった。ことによるとそれは、エリックが大人になってから、見知らぬ人の親切な申し出をほとんど受けずにすごしてきたせいかもしれない。アメリカン・ドリームの実現に近づくいっさいのものからご利益を得ずに。しかし、いま父フランク・オルソンがそこで病理学研究室の死体仮置台の上に横たわっていて、もしかしたら物事はエリックにとっていい方向に変わりつつあるのかもしれなかった。どこかの謎めいたハロルド・ジュニアが現われて、すべてを親切に説明してくれるかもしれなかった。

一九七〇年、エリックはハーヴァード大学に入学した。彼は毎年、感謝祭の週末に帰省した。そして、父フランク・オルソンが墜死したのが一九五三年の感謝祭の休日だったので、一家はかならず最後にはフランクの古いホーム・ムービーを見ることになり、エリックはきまって母親に「もう一度、話を聞かせてよ」といった。

一九七四年の感謝祭の週末に、エリックの母親はこう答えた。「その話は何百回も、何千回もしたでしょう」

エリックはいった。「いいから、もう一度話して」

そこでエリックの母親はため息をついて話しだした。

フランク・オルソンはメリーランドの田舎の〈ディープ・クリーク・ロッジ〉と呼ばれる山小屋にある会社の保養所で週末をすごしていた。帰宅したとき、彼はいつになく不安そうだった。

彼は妻に、「ぼくはひどいまちがいをしでかしたよ。子供たちが寝たら、それがどんなまちがいだったのか話そう」

しかし、ひどいまちがいとはなんだったのかに話がおよぶことはなかった。

フランクは週末中ずっと動揺していた。彼は仕事をやめて歯科医になりたいと妻のアリスに話した。土曜日の夜、アリスは夫をおちつかせようとして、彼をフレデリックの映画館へつれていき、なんでもいいから上映されている映画を見ることにした。上映されていたのは、〈マルティン・ルター〉という新作映画だった。

これは十六世紀のカトリック教会の堕落をめぐる聖職者マルティン・ルターの良心の危機の物語である。当時、神学者たちは教会があやまちを犯すことなどありえないと主張していた。なぜなら、教会が道徳律を規定しているからである。なにしろ、教会は悪魔と戦っているのだ。映画のクライマックスでルターはこう宣言する。「いや。わたしはあくまでこの立場を守る。わたしにはこうすることしかできない」映画〈マルティン・ルター〉の教訓とは、個人は組織の陰に隠れることはできないということだ。

《TVガイド》の映画評データベースは〈マルティン・ルター〉に五つ星のうちの二つを与え、こう書いている。「これは普通の意味でいう〝娯楽作〟ではない。脚本にもっとユーモアがあれば、主人公をもっと人間らしく見せられたかもしれないのだが。この作品は、話が盛り上がるべき場所で重苦しく思えるような具合にできている」

映画見物はフランクの気分転換には役に立たず、翌日、彼は同僚たちからニューヨークへいって精神科医に見てもらってはどうかと提案された。アリスはフランクをワシントンDCまで車で送っていき、いっしょにニューヨークまでつきそってくれる男たちの仕事場で夫を降ろした。

彼女が夫を見たのはそれが最後だった。

その一九七四年の感謝祭の週末、エリックは突然、いままでたずねてみようとは思ってもみなかった質問を母親にぶつけた。「お父さんが降りた仕事場というのはどんな場所だったか話して」

母親はいわれたとおりに話した。

「驚いたな」とエリックはいった。「CIA本部そっくりに聞こえる」

そのとき、エリックの母親が自制心を失った。

彼女は叫んだ。「あのホテルの部屋で起きたことをつきとめるなんて、ぜったいに無理よ!」

エリックはいった。「ぼくはハーヴァードを終えたらすぐ故郷に戻ってきて、真実をつきとめるまで休まないつもりだよ」

エリックが真相の解明を長いこと待つ必要はなかった。一九七五年六月十一日の午前、彼は一家の友人から電話を一本もらった。「《ワシントン・ポスト》を見たかい？　ちょっとのぞいてみたほうがいいと思うよ」

それは第一面の記事で、こういう見出しがついていた。

暴露された自殺

昨日公表されたロックフェラー委員会の報告書によると、陸軍省の文官が中央情報局の実験の一環として、知らずにLSDを摂取し、それから一週間もたたないうちに十階から飛び降りて死亡したという。

（ロックフェラー委員会は、ウォーターゲート事件を受けて、CIAの悪事を調査するために設立された）

その文官が薬物を与えられたのは、無警戒のアメリカ人に幻覚剤を投与するための実験計画に従事するCIA要員と会っていたときのことである。「当該人物は投与後二十分ほどしてやっとLSDを与えられたことに気づいた」と委員会は報告している。「その人物は深刻な副作用を起こして、精神科の治療を受けるためCIAのつきそい付きでニューヨークに送られた。それから数日後、自室の十階の窓から飛びだし、そのせいで死亡したのである」

無警戒の人間に薬を投与する試みは一九五三年から一九六三年までつづいたが、CIAの監察官に発見されて中止された、と委員会は報告している。

これはわたしの父だろうか？　とエリックは思った。

記事の見出しは内容に反していた。たいしたことは暴露されていない――犠牲者の名前さえも。

これが〈ディープ・クリーク・ロッジ〉で起きたことなのだろうか？　とエリックは思った。

連中は父にこっそりLSDを盛ったのだろうか？　まさか。だがこれはわたしの父にちがいない。一九五三年にニューヨークのホテルの窓から飛び降りた軍の科学者がどれだけいるというのだ？

アメリカ国民はフランク・オルソンの話について、それから五十年後に恐竜バーニーがイラクの収監者を拷問するために使われているというニュースを聞いたときとおおむね同じように反応した。恐れおののいたというのは正しい言葉ではない。要するに人々はおもしろがり、興味を引かれたのである。恐竜バーニーの件と同様に、この反応は、邪悪な情報機関の秘密となじみのポップカルチャーという、予想もつかないシュールな組み合わせによって引き起こされたものだろう。

「アメリカにとって、それはぞっとすると同時に、わくわくする話だったんだ」とエリックはいった。

オルソン家はフォード大統領から直接謝罪を受けるためにホワイトハウスに招かれ——「彼は心からすまながっていたよ」とエリックはいった——そして、その日の写真には、大統領執務室のなかでにこやかに笑みを浮かべて感激している一家の姿が写っている。

「いまあらためて見たとき、写真はあなたになにを語りかけてきます？」わたしはある日、エリックにたずねた。

「あの大統領執務室にはとほうもない誘惑の力があるということを教えてくれる」とエリックは答えた。「わたしたちがいまクリントンから学んだようにね。あの聖なる空間へ——あの執務室へ——入っていくと、特別な特権階級の仲間入りをしたような気になって、まともにものが考えられなくなるんだ。効果はてきめんだよ。本当にね」

フォード大統領との十七分間の面会のあと、ホワイトハウスの外へ出たアリス・オルソンは、マスコミに声明をだした。

「アメリカの家族が合衆国大統領から書信を受けることができるというのは、特筆すべきことだと思います」と彼女はいった。「これはこの国へのすばらしい賛辞であると思います」

「母はジェラルド・フォードにすっかりまいってしまってね」とエリックはいった。「二人は笑いあったりしていたよ」

大統領はオルソン家に完全な情報公開を約束し、CIAは一家とアメリカ国民に詳細をつぎつぎと提供したが、その詳細は公開されるたびに意外さを増していった。

CIAは〈ディープ・クリーク・ロッジ〉というキャンプ保養所でフランク・オルソンのコアントローにLSDをしのびこませた。この計画はMKウルトラという暗号名を与えられ、CIAの説明によれば、科学者が向精神作用性薬物の効果にどう対処するかを見るのがその目的だったという。科学者は抵抗できずに秘密を打ち明けてしまうだろうか？　情報は筋がとおっているだろうか？　LSDは自白剤としてCIAの尋問官の役に立つだろうか？

さらにもう一つ動機があった。CIAはのちに認めたように『影なき狙撃者』のような誇大妄想的サスペンス小説を大いに楽しんでいて、人間にLSDを投与することで洗脳された暗殺者を現実に作りだせるかどうかを知りたかったのである。しかし、フランク・オルソンは恐ろしい幻覚を体験した。彼はもしかしたら、LSDをやったら空を飛べるような気になって、ついには窓から飛び降りることになるという伝説のもとなのかもしれない。

社会史学者や政治風刺家はすぐさまこうした事件に「大きな歴史上の皮肉」というレッテル

を貼った。エリックは噛みしめた歯のあいだからこの言葉をくりかえしたが、それは自分の父の死が皮肉の断片になってしまったという事実を喜んでいないからである。

「大きな歴史上の皮肉というのは」とエリックはいった。「CIAがLSDをアメリカに持ちこんで、それによって一種の啓蒙思想をもたらし、それによって新しい次元の政治意識が芽生えて、結果的にCIA自身の破滅の種を蒔いたことだ。なぜなら、CIAは啓蒙された大衆を作りだしたからだ。CIAは新聞雑誌の絶好のネタになった。そのテーマは、わかるとおり、たくさんの本の主題になっている」

詳細はどんどん入ってきた。あまりにも大量で、矢継ぎ早だったので、フランク・オルソンはこの興趣つきない物語の高波に飲みこまれた小枝のように押し流され、忘れ去られる危険があった。CIAは一九五三年にMKウルトラ計画の売春宿をニューヨーク市に作ったこともオルソン家に教えた。そこで客の飲み物にLSDを盛ったのである。CIAはジョージ・ホワイトという工作員をマジックミラーの奥に配置し、そこで彼はパイプ掃除用のモールから小さな模型をこしらえ、それを指揮系統の上のほうへ送った。それらの模型はセックスの体位を表わしていた。観察力の鋭いジョージ・ホワイトは、それが怒濤のような情報をもっとも効果的に伝達できると考えたのである。

ジョージ・ホワイトは辞表を書いてCIAを去った。その辞表の一節にこうある。「わたしは職場で全身全霊をこめて長時間熱心に働きました。というのも、じつにおもしろかったからです……。ここ以外のどこでアメリカの血気さかんな若者が最上層部の許可と賛同を得て嘘をついたり、殺したり、あざむいたり、盗んだり、強姦したり、掠奪したりできるでしょう?」

ジョージ・ホワイトはこの手紙を上司にあてていた。フランク・オルソンのコアントローに薬を盛ったまさにそのCIA職員、シドニー・ゴットリーブという環境問題に敏感な仏教徒に。

ゴットリーブは、ジョン・マルホランドというブロードウェイの手品師から人をあざむく技術を学んでいた。この手品師はいまではまったく忘れ去られているが、当時はデイヴィッド・カッパーフィールドのような大スターだった。彼は健康を害したという理由で一九五三年に大衆の目の前から忽然と姿を消すが、実際にはシドニー・ゴットリーブにこっそり雇われて、人の飲み物にLSDを盛る方法を工作員たちに教えていたのである。マルホランドは海外にいるアメリカの敵の歯ブラシや葉巻に生体毒素をしのびこませる方法もゴットリーブに教えた。コンゴに旅をして、同国初の民主的に選ばれた首相であるパトリス・ルムンバの歯ブラシに毒を仕込んで暗殺しようとしたのはゴットリーブである（その試みは失敗した。アメリカ人ではないほかの誰かが先にルムンバを暗殺したという話だ）。ブルセラ菌をしみ込ませた組み合わせ文字つきのハンカチをイラクの指導者アブドル・カリム・カセム将軍に送ったのもゴットリーブである。カセムは生きのびた。そして、キューバに旅して、フィデル・カストロの葉巻とダイビングスーツに毒をしのびこませようとしたのもゴットリーブである。カストロは生きのびた。

それは喜劇のお約束のパターンのようなもので――〈マルクス兄弟　隠密刺客になる〉とでもいおうか――エリックには笑っていないのが自分の家族だけのように思えるときもあった。

「わたしたちが受けた印象は、大学の友愛クラブの学生たちが羽目をはずしたみたいだということだった」とエリックはいった。「『ぼくたちはちょっと無茶なことをしようとして、判断をあやまったんです。カストロの葉巻にいろいろな毒を入れたけど、どれもきかなかった。それで、自分たちはそういった種類のことが本当はうまくないんだと判断したんです』といった感じさ」

「こっけいな暗殺者だ」とわたしはいった。

「暗殺者の道化だ」とエリック。「無能なのさ。誰かに一服盛ると、相手は窓から飛び降りる。誰かを暗殺しようとすると、先を越される。そして、実際には誰一人暗殺したことがない」

エリックは言葉を切った。

「そして、ゴットリーブがいたるところに顔を出すんだ！」と彼はいった。「店にはゴットリーブしかいないのか？　彼はなにもかも自分でやらなきゃならないのか？」エリックは笑った。「お袋もゴットリーブと話をしたときその点に食いさがった。お袋はこういった。『どうしてそんな軽はずみな科学実験ができたんです？　医学的管理はどこ？　対照群はどこ？　あなたはこれを科学と呼ぶの？』するとゴットリーブは簡潔にこう答えた。『ええ、たしかにちょっと無頓着でした。それについてはすまなく思っています』」

エリック・オルソンの家で彼の話に耳をかたむけるうちに、わたしは以前にもシドニー・ゴットリーブの名前が口にされるのを聞いたことを思いだした。どこか遠く離れた状況で。やがて記憶がよみがえってきた。スタッブルバイン将軍が登場する前、秘密の超能力スパイたちにはべつの管理者がいた。それがシドニー・ゴットリーブだった。

それを思いだすのに少し時間がかかったのは、それがまったくありえないことのように思えたからである。毒殺や暗殺に手を染める（あまり優秀ではないとはいえ）シドニー・ゴットリーブのような人間が、フランク・オルソンの死に間接的な責任を負っている男が、このべつのおかしな超能力物語の渦中でなにをしていたのだろう？　情報活動の世界では、明るい面（超能力スーパーマン）と暗い面（極秘暗殺計画）との組織的なへだたりがこれほど小さいというのは、わたしには驚くべきことのように思えた。しかし、そのへだたりの小ささをわたしが本当に理解しだしたのは、エリックが一九七五年七月十三日に突然母親のもとに届いた手紙をわたしに見せてくれてからである。手紙はメリーランド州オーシャン・シティーにある〈ディプロマト・モーター・ホテル〉から送られたものである。それにはこうあった。

親愛なるミセス・オルソン

ご主人の悲劇的な死を報じた新聞記事を拝見して、一筆差し上げずにはいられなくなりました。

ご主人が亡くなったとき、わたしはニューヨークの〈ホテル・ステトラー〉の夜間支配人の補佐役を務めておりまして、ご主人が落下されたあとすぐ現場に駆けつけました。ご主人はしゃべろうとされていましたが、言葉が聞き取れませんでした。聖職者が呼ばれ、ご主人には最後の秘跡がほどこされました。

過去三十六年間ホテル業にたずさわり、数えきれないほどの不幸な出来事を目にしてまいりましたが、ご主人の死はわたしを激しく動揺させました。それは、あなたもいまご存じのきわめて異常な状況のせいです。

もしなにかお役に立てるようでしたら、どうかお気兼ねなく電話でお申しつけください。

あなたとご家族に心よりお悔やみを申し上げます。

敬具
総支配人
アーモンド・D・パースター

オルソン家の人たちは実際にアーモンド・パースターに電話をかけて手紙の礼を述べ、そのときパースターは午前二時にフランクが路上で彼に抱かれて息を引き取ったあとでなにがあったかを一家に話した。

わたしはホテルに戻って、女性電話交換手と話をしました、とパースターはいった。彼はフランク・オルソンの部屋から外への通話はなかったかと交換手にたずねた。

交換手は一件だけあったと答えた。彼女はそれを聞いていた。フランク・オルソンが窓から飛び降りた直後にかけられたものだ。

フランク・オルソンの部屋にいた男はこういった。「それで、彼は死にました」

電話の相手はこう答えた。「それはじつに残念だ」

それから二人とも電話を切った。

15 なにがなんでも〈ハロルドのクラブ〉!

エリック・オルソンは裏庭にプールを持っている——一九五三年以降、家につけくわえられた数少ない変更の一つである。八月のある暑い日、エリックと弟のニールス、いつもはスウェーデンで暮らしているエリックの息子、ニールスの妻と子供たち、そしてエリックの友人何人かとわたしがプールサイドで日光浴をしていると、パーティの風船の絵を車体いっぱいに描いたトラック——〈キャピタル・パーティ・レンタル〉——が車寄せで止まって、プラスチック椅子百脚を下ろした。

「おい! 色つきの椅子だ!」とエリックは叫んだ。

「色つきの椅子がほしいのかい?」と運転手はたずねた。

「いいや」とエリックは答えた。「この場にはふさわしくない。灰色のをもらうよ」

エリックはステレオラジオカセットをプールサイドに持ちだして、公共ラジオNPRの番組〈オール・シングズ・コンシダード〉に周波数を合わせた。伝説的な記者であるダニエル・ショウアがエリックについて論評を述べることになっていたからである。ダニエル・ショウアはフルシチョフにはじめてインタビューした人物で、ウォーターゲート事件の報道でエミー賞を三度受け、いまその関心をエリックに向けていた。

彼の論評がはじまった。

……エリック・オルソンは明日の記者会見で、飛び降り自殺という説明はおかしいと訴える構えです……。

エリックはプールをかこむ金網のフェンスによりかかって、友だちや家族ににこやかに笑いかけていた。みんなはこの放送に熱心に耳をかたむけている。

……彼の父親は自分が関係していた危険な活動を外部に漏らさないようにするために殺されたと訴えるつもりなのです。アーティチョークおよびMKウルトラと名づけられた計画を。きょう、CIAのスポークスマンは、オルソン事件に関する議会もしくは行政府の調査でも殺人の証拠はいまだに一つも出てきていないと語りました。エリック・オルソンは事件の全貌をつかんでいないのかもしれません。重要なのは、政府の秘密の蓋が依然として固く、われわれが全貌を知ることはないかもしれないということです……。

エリックはひるんだ。

「そこまでいっちゃだめだ、ダン」彼はつぶやいた。「それはまずい」

……ダニエル・ショウアでした……。

「そこまでいうんじゃない、ダン」とエリックはいった。

彼はプールサイドに座るわれわれ全員のほうを向いた。われわれはそこに座ったまま、無言だった。

「わかったかね?」とエリックはいった。「人々はこれを望んでいるんだ。『われわれが全貌を知ることはないかもしれません』そして、人々はほっと一息をつくというわけだ。そんなのはでたらめだ。でたらめにもほどがある。『ああ、真相はそうだったとも考えられるし、こうだったとも考えられる。CIAではなにもかもが鏡の部屋だ……何重にも重なって……底にたどりつくことはぜったいにできない……』そう口にするとき、人は本当はこういっているんだ。『われわれがそういって安心するのは、知りたくないからだ』お袋がいつもいっていた言葉みたいだ。『あのホテルの部屋で起きたことをつきとめるなんて、ぜったいに無理よ』でも、あの部屋ではたしかになにかが起きたし、それを知ることは可能なんだ」

突然、エリックは本来の六十代の老人になっている。事件から数十年がすぎ、彼はその長い歳月を父の死を調べることについやしてきた。あるとき、わたしはそのことを後悔しているかと彼にたずね、彼はこう答えた。「いつも後悔しているよ」

事実の断片をつなぎあわせるのは、エリックにとってたやすいことではなかった。そうした事実の断片は、よくても機密文書や、マジックで黒々と塗りつぶされた機密扱いを解かれた文書に埋もれている。シドニー・ゴットリーブはある面談でエリックに、MKウルトラのファイルは退職したとき破棄してしまったと認めた。エリックがその理由をたずねると、ゴットリーブは、「環境問題に敏感」なので「紙があふれかえる」危険に気づかずにいられなかったと説明した。

ゴットリーブは文書が失われても実際には問題ではないとつけくわえた。いずれにせよ、すべてはむだだったからだ。MKウルトラの実験はすべて徒労だったと、彼はエリックに語った。すべてはなんの実も結ばなかった。エリックはこのじつに頭のいい人物にしてやられたことに気づいて、ゴットリーブのもとを去った。

まったくすばらしいニュースだ、とエリックは思った。成功に取りつかれたこの社会で、なにかを隠すのに絶好の石とはなにか？　それは失敗という名の石だ。

こうして事実の大半は、話をしたがらない人間たちの記憶のなかにしか残っていない。にもかかわらず、エリックはLSDによる自殺説と同じぐらい説得力のある物語を作り上げた。いや、それ以上に説得力のある物語を。

事実の断片を集めるだけでも容易ではなかったが、もっと容易でないことがあった。「従来の話はじつにおもしろいものだ」とエリックはいった。「それをおもしろくない話に置きかえたい人間がどこにいる？　わかるね？　話に解釈を与えた人間が、最初から話を支配するんだ。人がこの話はこうだと聞かされて、その説明に反した解釈をするのはとてもむずかしい」

「あなたの新しい解釈はそれほどおもしろいものではない」とわたしは認めた。

「もはや、楽しくて幸せな気分になれる話ではない」とエリックはいった。「それに、わたしだってほかのみんなと同じぐらい好きじゃないよ。自分の父親が、自殺したのでも投薬実験後の不注意で死んだのでもなく、殺されたのだということを受け入れるのは困難だ。受けとめかたがまるでちがう」

しかも、エリックにとって腹立たしいのは、ごくまれに彼がジャーナリストを説き伏せて、父がCIAに殺害されたことを納得させても、その新事実は恐怖をもって迎えられるわけではないということだった。ある執筆者は、記者会見に出席しないかというエリックの誘いをことわっていった。「みんなCIAが人を殺しているのは知っています。新しいニュースじゃありませんよ」

実際にはCIAがアメリカ国民を殺害したと誰かがおおやけの席で訴えるのは、これがはじめてなんだ、とエリックはわたしにいった。

「人々はフィクションによってすっかり洗脳されている」とエリックはいった。記者会見用のプレスリリースを受け取るために地元の〈キンコーズ〉へ車を走らせているときのことだ。「トム・クランシー風の小説にすっかり洗脳されて、『そんな話ぐらい知っているさ。CIAがそういうことをしているのは先刻承知だ』と考えているんだ。実際には、われわれはこれについて何一つ知らない。真相は何一つわかっていないし、例のでっちあげの話が事実に対する予防注射のような働きをしている。おかげで人々は知ってもいないことを知っていると思いこみ、うわべだけの似非《えせ》知識とシニカルな態度を身にまとうことができるというわけだ。そんなのはただの薄っぺらな見せかけで、皮一枚剝げばまったくシニカルなどではないというのにね」

人々が関心を持たなかったわけではない。関心の方向がまちがっていただけである。最近、ある劇場の演出家がフランク・オルソンの話を「窓から人をつき落とすという行為をめぐるオペラ」に仕立てる許可を求めてエリックに連絡してきたが、エリックはことわった。これは観客に事実を歌で伝えなくても、すでにじゅうぶんこみいった話なのだと説明して。きょうの記者会見は実際エリックにとって、自分の父親がLSDのせいで自殺したのではないということを世界に認めさせる最後の機会だった。

エリックが記者会見で事件の新しい解釈を物語る方法はいくつもあった。どうすればいちばん明快で、おもしろくそれを物語ることができるか。その方法を知ることは、彼にとって不可能だった――いや、誰にとっても。エリックの新しい説明はもはやおもしろくないだけでなく、うんざりするほどこみいっていた。頭に詰めこまなければならない情報があまりにも多すぎて、聴衆はただ茫然とするしかなかった。

この事件の発端はじつは、一九五三年にアレン・ダレスCIA長官がプリンストン大学の同窓生に向けて行なった宣言だった。

「心理戦は冷戦の重要な戦場であり、われわれはどんなことがあってもそれに勝利しなければならないのです」とダレス長官はいった。

ジム・チャノンとスタッブルバイン将軍とアリグザンダー大佐が登場する以前には、アレン・ダレスがいた。アメリカの情報機関ではじめて既成の概念にとらわれない考えかたをした偉大な人物である。彼はブッシュ家の親しい友人で、ブッシュ家の顧問弁護士だったこともあり、CIAはアイビーリーグの大学のようにあるべきだと考えるパイプ好きの長老だった。工作員だけでなく、科学者や学究といった、新しい思いつきを提案してくれるかもしれない人間からヒントを得るべきであると。CIAの本部（現在はジョージ・ブッシュ情報センターと改称されている）をワシントンDCの中央から郊外のヴァージニア州ラングレーへ移したのはダレスだった。郊外のキャンパスのような思索的な環境を作りだしたかったからである。アメリカ屈指の優秀な千里眼の持ち主を見つけだし、心理戦の戦場にスカウトしたいと願って、一九五〇年代と一九六〇年代にCIAの秘密工作員をアメリカの郊外へ派遣し、降霊会に潜入させたのは、ダレスである。こうして、情報機関と心霊世界との関係が誕生した。しかし一世代後に、第一地球大隊に影響を受けて、誰もが偉大な超能力者になれると宣言し、ドアを大きく開いたのはスタッブルバイン将軍である。そしてエド・デイムズ少佐が計画に参加し、のちに部隊の秘密をアート・ベルのラジオ番組でぶちまけた。すると世のなかは大騒ぎになり、軍関係者は誰一人悪くないとはいえ、サンディエゴで三十九人の人間がヘール・ボップ彗星といっしょに飛んでいるプルーデンスとコートニーの物体に便乗しようとして自殺したのである。

アレン・ダレス長官はシドニー・ゴットリーブを誕生したばかりの超能力計画とMKウルトラの責任者に据え、さらにアーティチョークと呼ばれる第三の秘密心理戦計画も彼にゆだねた。アーティチョークはおもしろいところがまったくない計画である。

最近機密扱いを解かれた文書によれば、アーティチョークの目的は、残酷かつ暴力的で、しばしば死をもたらす、常軌を逸した尋問手段を新たに発明することだった。

フランク・オルソンはフォート・デトリック基地で化学薬品を取り扱うただの軍属の科学者ではなかった。彼はCIAの人間でもあったのである。彼はアーティチョーク計画のために働いていた。彼が死の数カ月前ヨーロッパにいて、長いコートに中折れ帽姿の男たちといっしょに路上のカフェに座っていたのは、そのためだった。彼らはアーティチョーク計画のためにそこにいたのである。エリックの父親は——これを心地よく表現する言葉はないのだが——拷問技術の開発者だった。すくなくとも、その開発を手伝っていた。アーティチョークは第一地球大隊の拷問版だった——同様の目的を持った、型にはまらない革新的な考えかたをする人間たちの集団で、彼らは人から情報を引きだすあらゆる種類の巧妙な新しい手段を提案した。

その一例として、一九五二年四月二十六日付けのCIA文書によれば、アーティチョーク計画の関係者は「ヘロインを日常的に利用した」という。彼らはヘロインが（ほかの物質もだが）「その中毒になった人間からそれを取り上げたとき引き起こされるストレスゆえに、逆に役立つ可能性がある」と判定していたからである。

エリックが知ったところでは、彼の父親がアーティチョークにスカウトされたのはそのためだった。彼は尋問官たちのなかで唯一、薬品や化学物質の投与法についての科学的知識を持っていた。

そして二〇〇四年のいま、このアーティチョーク計画で作りだされた麻薬断ちという尋問手段が、ふたたび使われている。『ブラックホーク・ダウン』の著者マーク・ボウデンは、《アトランティック・マンスリー》誌の二〇〇三年十月号でCIAの尋問官に何人かインタビューをして、つぎのようなシナリオを組み立てている。

たぶん（二〇〇三年）三月一日のことだったかもしれないが、悪名高いテロリストのハリド・シェイク・ムハンマドはパキスタンとアメリカのコマンドー隊員の襲撃隊によって手荒く眠りから起こされた……。この男はテロとの戦いにおけるそれまでで最大の獲物だった。シェイク・ムハンマドは世界貿易センターに対する二度のテロ攻撃の立案者と見なされている。一九九三年の失敗に終わった一度目と、それから八年後にあれほどの大惨事を引き起こして成功した二度目のテロ攻撃の……。彼は「某所」(CIAが「ホテル・カリフォルニア」と名づけた場所)へ飛行機で運ばれた——おそらくは、べつの同盟国の施設か、もしかすると、航空母艦の艦上の特設監獄に。

場所はさほど問題ではない。そこは彼にとって馴染みのある場所でも、見分けられる場所でもなかっただろう。時間と場所という正気をつなぎとめる錨は、引き上げられようとしていた。彼は新しい次元に入っていたも同然だった。あらゆる言葉や挙動や感覚が監視され測定されるまったく新しい世界に。そこでは物事は感じたとおりかもしれないし、そうではないかもしれない。昼とか夜といったものはなく、食べたり飲んだりとか、目覚めたり眠ったりという通常の秩序は存在しない。暑いのも寒いのも、湿ったのも乾いたのも、清潔なのも汚れたのも、真実も嘘も、すべてはこんがらがり、ねじ曲げられている。

空間は強烈な光と騒音で昼も夜も満たされている。尋問は厳しいものだ——あるときは荒っぽく大声で、あるときはやさしくおだやかで、いずれの場合にもその理由ははっきりしない。尋問は担当者が交代して何日間もつづくかもしれないし、ほんの数分で終わるかもしれない。ときおり、尋問前に気分を高めるために薬を与えられるかもしれない。マリファナやヘロイン、ペントタールナトリウムは、固い口をなめらかにする効果があることがわかっている。こうした薬は食事や飲み物でこっそり与えることができるし、彼の苛酷な生活を考えれば、短時間のなぐさめと喜びを与え、それによってまったく新しい種類の欲求を作りだしさえするかもしれない——そして、尋問官にとっては新しい武器を。

このシナリオのなかで、いかにジム・チャノンの第一地球大隊の断片（「強烈な光と騒音」）とフランク・オルソンのアーティチョーク作戦の断片（「まったく新しい種類の欲求」）がジグソーパズルの二つのピースのようにぴったりとおさまっているか、その様子を見ていただきたい。

エリックの記者会見の前日、エリックとわたしは彼の父が庭で子供たちと遊ぶ八ミリの古いホーム・ムービーを見た。スクリーンでは、父フランクはぐらぐら揺れる古い自転車にまたがり、幼いエリックはハンドルにちょこんと乗っている。エリックは笑みを浮かべながらスクリーンを見つめていた。

彼はいった。「父さんがいる。ほらあそこに！　あれが父さんだ。ＣＩＡのほかの連中と対照的に、無邪気な顔をしている。その……」エリックは言葉を切った。「ようするに、これは単純な道徳観念と無邪気な世界観を持った男の話なんだ。彼は本質的に軍人ではない。まちがいなく〝究極の尋問〟などにかかわるような人間ではなかった。彼は道徳上の危機を迎えたが、すでに深入りしすぎていたため、連中には彼を抜けさせることができなかったんだ」

わたしたちは引きつづいてホーム・ビデオを見た。やがて、エリックがいった。「もし父さんが生きてこの事件について少しでも語っていたら、どんなに状況がちがっていたか考えてみたまえ。そうとも！　たくさんのことがまったくちがった展開をとげただろう。父さんの表情だけでもそれがずいぶんわかる。ほかの連中の多くは、ひどくこわばって表情のない顔をしている。だが父さんは……」そして、エリックの言葉は尻つぼみになった。

調査の過程でエリックはイギリスのジャーナリスト、ゴードン・トーマスと出会った。トーマスは情報関係の本を数多く書いている。エリックはトーマスを介して、彼の父が一九五三年夏にロンドンへ旅行したとき、イギリスの情報機関に洗脳テクニックについて助言していた顧問精神科医ウィリアム・サージェントに、秘密を打ち明けて相談したらしいということを知った。

トーマスによれば、フランク・オルソンはフランクフルト近郊の米英合同秘密研究施設をおとずれた話をサージェントにしたという。CIAはその施設で自白薬を〝消耗品〟、つまり捕まったソ連の工作員や元ナチにテストしていた。オルソンは恐ろしい光景を目撃したとサージェントに告白した。おそらくは、消耗品の一人か複数に対する〝究極の実験〟を。サージェントはオルソンの話を最後まで聞いてから、この若いアメリカ人科学者の危惧が彼を機密保持上の危険にしているとイギリス情報機関に報告した。彼はイギリスの化学兵器研究施設であるポートン・ダウンにこれ以上オルソンを近づけないようにすべきだと忠告した。

エリックはこのことを知ったあと、友人の作家マイクル・イグナチェフと話をし、イグナチェフは《ニューヨーク・タイムズ》紙にエリックに関する記事を掲載した。その一週間後、エリックは生涯ずっと待ちつづけていた電話を受け取った。それはまさに彼が待ちのぞんでいたハロルド・ジュニア的人物、つまりフォート・デトリック基地時代の父の親友の一人で、すべてを知る人物だった。彼は進んでエリックに全貌を語るつもりだった。

彼の名はノーマン・コーノヤーといった。

エリックはコネチカットのノーマンの家で週末をすごした。長年心にしまってきた秘密をエリックに打ち明けることはノーマンにとってたいへんな心理的負担で、彼はくりかえし席をはずしては、トイレへいって嘔吐した。

アーティチョーク計画の話は事実だ、とノーマンはエリックに語った。父のフランクはノーマンにこういっていた。「連中は人々が尋問を切りぬけるかどうかなど気にしていなかった。人々は生きのびるかもしれないし、生きのびないかもしれない。殺されるかもしれない」

エリックはいった。「ノーマンはその言葉の意味についてくわしい話をすることをこばんだが、楽しいことではなかったといった。徹底した拷問、麻薬の極端な使用、極度の重圧」

ノーマンがエリックに語ったところによれば、彼の父フランクは計画に深く関与していて、自分の人生の変わりようにひどいショックを受けていたという。彼はヨーロッパで人々が死ぬのを目撃し、もしかすると彼らの死に手さえ貸したかもしれない。そして、アメリカに戻ってくるころには、彼は自分が見たものを暴露しようと心に決めていた。フォート・デトリック基地の門のところには、平和を訴えるクエーカー教徒の活動家たちが二十四時間陣取っていた。フランクはよく彼らのところへぶらぶらと歩いていって、おしゃべりをしては、同僚たちを仰天させていた。フランクはある日、ノーマンにこうたずねた。「わたしの話を聞いてくれるいいジャーナリストを知っているかい？」

だから、〈ディープ・クリーク・ロッジ〉で父のコアントローにLSDを混ぜたのは、失敗に終わった実験などではなかった、とエリックはいった。幻覚を見ているあいだに彼の口を割らせるために仕組まれたのだ。そして、父フランクはテストに落第した。その場にいたゴットリーブをはじめとするMKウルトラ計画の関係者たちに自分の意図を打ち明けてしまったのだ。それは彼が犯した〝恐ろしいミス〟だった。土曜日の夜に映画〈マルティン・ルター〉を見たせいで、彼は仕事をやめる決意をいっそう固めていた。「わたしはあくまでこの立場を守る。わたしにはこうすることしかできない」

そして、月曜日の朝、フランクは実際に辞職を願いでたが、同僚たちはニューヨークで心理カウンセリングを受けるように彼を説得した。

文書があきらかにしているところによれば、フランクがニューヨークで精神科医に会うことはなかった。彼はかわりにゴットリーブの補佐役によって元ブロードウェイの手品師ジョン・マルホランドの仕事場へつれていかれた。おそらくマルホランドはフランクに催眠術をかけ、そしてフランクはたぶんそのテストにも落第した。

七番街にそびえるホテルの一室に、たぶん錯乱して自暴自棄になった男を閉じこめることは、もはや悲しむべき判断のあやまちとは思えなかった。それは殺人への序章のように思えた。

エリックが一九九四年に父親の遺体を掘り起こしたとき、病理学者のジェイムズ・スターズ医師はフランクの頭に穴を一つ見つけ、これは十階の窓から落ちてできた傷ではなく、銃の台尻でなぐられた傷だと結論づけた。

「それで、彼は死にました」とシドニー・ゴットリーブの補佐役ロバート・ラシュブルックの声はいった。

「それはじつに残念だ」と答えが返ってきた。

そして、二人とも電話を切った。

エリックの記者会見には四十人ほどのジャーナリストが集まった――テレビの全ネットワーク局と多くの大手新聞社の取材陣である。エリックは話をわかりやすくするために、ノーマン・コーノヤーとすごした週末についておもに語ることで話をすすめていこうと決めていた。これはもはや一家族の問題ではないと彼は何度も強調した。それはいまでは、一九五〇年代にアメリカに起きたことと、それが現在起こりつつあることをいかに教えてくれるかの問題なのだと。

「証拠はどこにありますか？」エリックが話しおえると、地元紙《フレデリック・ニューズ・ポスト》の記者ジュリア・ロブがたずねた。「この話は全部、一人の人間の言葉、あなたのお父さんの友人の言葉に基づいているのですか？」

ジュリアはあたりを見まわして、そのノーマン・コーノヤーなる人物が出席さえしていないことを強調した。

「ちがいます」とエリックはいった。彼はいらだっているようだった。「わたしが申し上げようとしているように、この話には二つのベクトルがあって、それは一カ所でしか交差しないという考えに概念的に基づいているのです」

困惑した沈黙が流れた。

「この件に関して、あなたには少しでもイデオロギー的な動機がありますか？」とFOXニュースの男がたずねた。

「真実を知りたいという気持ちだけです」エリックはため息をついた。

あとになってジャーナリストたちがぶらぶら歩きまわりながら、ピクニック・テーブルにならべられたビュッフェから食事をつまんでいるとき、オルソン家とその友人たちの会話の矛先は《フレデリック・ニューズ・ポスト》紙の記者ジュリア・ロブに向けられた。出席者のなかでいちばん敵対的なジャーナリストがエリックとニールスの地元紙の代表というのは残念なことだ、と誰かがいった。

「ああ、たしかにそうだ」とニールスはいった。「わたしにはそれがつらい。わたしはこの町で専門職についている。歯科医として地元の人たちとつながりがあるし、毎日みんながやってきては地元紙に目を通しているのを見ているから、なおさら動揺するんだ」

ニールスは庭のエリックのほうへ目をやった。彼はジュリアになにごとかいっていたが、なにをいっているのかは聞き取れなかった。

ニールスはいった。「ときどきこの話がもしかしたらなにもかもでたらめで、あれは本当にただのLSDによる自殺だったとしか思えなくなることがある。すると」――ニールスはジュリアのほうをちらりと見た――「それが恥辱のスパイラルのようなものを引き起こすんだ。その感じをたとえていうなら、午前三時になんとか寝つこうとしていて、ふとなにかを考えはじめ、その考えがべつの後ろ向きな考えに人をひきずりこみ、いわば手におえない連鎖を引き起こして、しまいには身震いするか、場合によっては明かりをつけて、もう一度現実に足をつけなければならなくなるのと似ている」

エリックとジュリアは口論をはじめていた。ジュリアはなにごとかエリックにいうと、その場を立ち去って、車に戻った（エリックがあとで話してくれたところによると、ジュリアは「激高していて、事件全体になにか心の底から腹を立てているために、それをどう言葉にしていいかまったく見当もつかないように」思えたという）。

「つまり、アメリカは根本的に自分が正しいと考えたがっているんだ」とニールスはいった。「われわれのやっていることは根本的に正しくて、われわれは自由世界に対して押しも押されもせぬ責任を負っているとね。こうした論点の一部はやっかいなものだ。なぜなら、もしアメリカが実際に暗い側面を持っていたら、自身のアメリカ観がくつがえされるおそれがあるからね。いってみればこんな感じさ。『おいおい、もしわたしがこのアメリカの良心の支柱を一本引き抜いたら、この国はトランプで作った家のようにもろくなるのか？　こいつは本当にアメリカの根本的な性格をおびやかしているのかい？』」

わたしたちはゆっくりとプールのほうへ戻っていった。一時間がすぎたころ、エリックがみんなと合流した。彼はずっと家のなかで電話に応対していたのである。彼は笑っていた。

「最新のニュースを聞いたかね？」と彼はいった。

「教えてくれよ」とニールスはいった。「聞きたくてたまらないね」

「ジュリアはノーマンに電話をかけたんだ」とエリックはいった。「わたしはたったいま彼女と電話で話したんだが、彼女はこういったよ。『エリック、電話をいただいてうれしいわ。ちょうどノーマンに電話をかけたところなの。彼はＣＩＡがフランク・オルソンを殺害したと信じる理由はないといっているわ』わたしはこう答えた。『ノーマンに電話をかけないでもらいたいといったわたしの希望を尊重してくれて感謝するよ、ジュリア』すると彼女はこういったね。『エリック、わたしは記者なの。ネタを仕入れるのに必要なことをやらなくちゃならないのよ』」

エリックは笑い声をあげたが、ほかに笑う者はいなかった。

そこでわたしはコネチカット州へ、ノーマン・コーノヤーの家へと車を走らせた。わたしはジュリア・ロブとノーマンとの電話のやりとりを聞いて、ちょっと動揺していた。わたしはエリックを誤解していたのだろうか？　彼はもしかすると夢想家の一種だったのだろうか？

ノーマンは郊外の高級住宅街にある白い平屋建ての邸宅に住んでいる。彼の妻が玄関でわたしを迎えて、ノーマンが待っているリビングへ案内してくれた。彼はテーブルを指差していった。「古い写真をいくつか探しておきましたよ」

それは一九五三年ごろ、フォート・デトリック基地内のどこかで腕を組んだノーマンとフランク・オルソンの写真だった。

「《フレデリック・ニューズ・ポスト》紙の記者に、フランクがＣＩＡに殺害されたことをしめす証拠はないといいましたか？」とわたしはたずねた。

「ああ」とノーマンはいった。

「なぜそんなことをしたんです？」

「電話でかね？」とノーマンはいった。「ジャーナリストが誰かに電話で話を聞こうとするのは大きなあやまちだと思うね」

「じゃあ、あなたはフランクが殺害されたと思っているんですか？」

それから彼はエリックに話さなかったことをわたしに教えてくれた。

「わたしはLSDを投与されたあとのフランクに会ったんだ」と彼はいった。「わたしたちはそのことで冗談をいいあった」

「彼はなんといったんですか？」

「彼はこういったよ。『連中はわたしがどういう人間かを知ろうとしているんだ。わたしが秘密をばらそうとしているかどうかを』」

「あなたたちはそのことで冗談をいいあったんですか？」

「わたしたちが冗談を飛ばしたのは、彼がLSDに反応しなかったからだ」

「彼は幻覚をまったく見なかったんですか？」

「ああ」とノーマンはいった。「彼はそのことを笑っていたよ。こういっていた。『連中はいまやわたしができると思っていることのせいで、ひどくぴりぴりとしている』彼は、秘密をあかすかもしれないという理由で連中が自分に目をつけていると本気で思っていた」

「彼はジャーナリストに話をするつもりだったんですか？」とわたしはたずねた。

「笑い飛ばせないぐらい本気だったね」とノーマンはいった。

「彼はひどく動揺してヨーロッパから戻ってきたんですか？」

「ああ」とノーマンはいった。「われわれは彼が戻って一週間か十日後に話し合った。『なにがあったんだ、フランク？　ひどく動揺しているようだが』とわたしはたずねた。『ああ、いいかい……』と彼はいった。白状しなくちゃならないが、じつをいうと、これはたったいま思いだしたんだ。彼はこういった……」

突然、ノーマンは黙りこんだ。

「これ以上つっこんだ話はしたくない」と彼はいった。「話したくないこともあるんだ」

ノーマンは窓から外を見た。

「事実が雄弁に物語っているよ」と彼はいった。

エリックは記者会見が少なくとも事件の伝えかたを変えることを期待していた。あわよくば、どこかの精力的なジャーナリストがやる気を起こして、フランク・オルソンが窓からつき落とされたことを証明する決定的な証拠を見つけだすきっかけを作ることを。

しかし、記者会見後あきらかになったように、記者たちはみな、この事件をほとんどこれまでどおりの調子で伝えることにきめていた。

エリックはついに〝決着〟を見つけた。

彼の心は〝いやされ〟つつあった。

彼は〝もう謎を持ちだすのはやめることに〟した。

彼はいまや〝先へ進む〟ことができた。

もしかするとわれわれはフランク・オルソンの身に実際になにがあったのかを〝知ることはけっしてない〟かもしれないが、重要なのは、エリックが〝決着〟をつけたことである。

話はまたおもしろくなった。

16　出　口

二〇〇四年六月二十七日

ジム・チャノンは彼が考えるイラクの出口戦略をファックスで送ってくれた。それは、ドナルド・ラムズフェルド国防長官が創造的な頭脳を仲間に引き入れろと陸軍参謀総長のピート・シューメイカー将軍に命じたあとで彼が将軍に送ったのと同じ文書だった。ジム・チャノンの戦略はこうはじまっている。

ベトナムを去るとき、われわれは尻尾を巻いて退散した。みっともない足取りで立ち去ったのである。息をこらして見守っている世界の目には、最後の瞬間は最初の瞬間と同じぐらい多くを物語るものだ。

第一地球大隊式の解決策

1　両陣営の母親、子供、教師、兵士、看護師、医師（が出席する）心のこもった感動的な式典。子供たちは可能なかぎり、栄誉を受けた者たち（アメリカ兵とイラク兵）を称賛し顕彰する賞の実際のシンボル（たとえば、勲章やトロフィー、小さな立像）を持つ。

2　われわれが設計する式典の環境は、それ自体がイラクの未来への贈り物である。われわれは舞台として、美しい地球村を建設することを推奨する。これは世界のこの地域にふさわしい種類の代替エネルギーや衛生施設、農業技術のショーケースとなりうる。

3　世界のほかの地域からの贈り物（の授与が式典にはふくまれる）。国連の通訳が求めに応じて、そうした贈り物の意味を説明してくれるだろう。年長者や十代の若者が協力を約束する言葉を述べてもいいかもしれない。

二〇〇四年六月二十九日

本日、主権が多国籍軍から新イラク政権に委譲された。式典を手配したのが誰であれ、彼らはジム・チャノンの思いつきを実行しないことにしたようだ。

何マイル分もの真新しい銀色の有刺鉄線と、おおかたの中世の要塞より頑丈なコンクリートの防壁、五重のセキュリティーチェック、アメリカ軍の装甲車輛、防弾チョッキを身につけたアメリカ兵、そして各国の特殊部隊や民間の警備員に守られて、一人のアメリカの官僚がイラク人判事に一枚の書類を手渡すと、ヘリコプターに飛び乗って、この国を離れた。新たに宣誓したイラク政府が新時代の到来を祝った平凡な会館から日差しのなかに出てきた記者たちが最初に見たものは、灼熱の空を低く旋回するアメリカ軍のアパッチ攻撃ヘリ二機だった。

自爆テロの恐れがあるため、式典には去っていく行政府のものものしい雰囲気がぷんぷんただよっていた。式典は二十分しかつづかなかった。

ジェイムズ・ミーク、《ガーディアン》紙

わたしが本書で取り上げてきたのは、ジム・チャノンの発想と陸軍全体との変わりゆく関係だったのだろうと思う。あるときには陸軍が国家で、ジムのほうはアーサー王が埋葬されたといわれるグラストンベリーのように、好意的に見られてはいても基本的には忘れられているように思えた。またあるときにはジムは物事のまさに中心にいるように思えた。

たぶん話はこういうことなのだろう。一九七〇年代後半、ベトナム戦争で心に傷を負ったジムは、カリフォルニアで誕生しつつあった人間潜在能力回復運動になぐさめを求めた。彼は自分の思いつきを陸軍に持ち帰り、それは軍高官たちの心に響いた。彼らはそれまで自分たちをニューエイジであるとは考えていなかったが、ベトナム戦争後の憂鬱なムードのなかでは、すべてが彼らにとってなるほどと思えたのである。

しかし、その後何十年かで、陸軍は現在のように勢力を取り戻し、ジム・チャノンのマニュアルにふくまれる発想の一部を、人々をいやすためでなく破壊するために利用できることに気づいた。それらはテロとの戦いのなかで生きつづけている発想である。

《ガーディアン》紙で言及されている〝官僚〟、ポール・ブレマーはきょう国を去ったかもしれないが、彼はイラクに十六万の軍隊を残してきた。その大多数はアメリカ兵である。政策研究所と〈フォーリン・ポリシー・イン・フォーカス〉によると、そうしたアメリカ兵の五二パーセントが士気の低下を経験し、一五パーセントが心的外傷性ストレスについて、七・三パーセントが不安について、六・九パーセントが抑鬱について、それぞれ陽性と判定された。アメリカ兵の自殺率は八年間の平均が十万人につき一一・九人だったのが、十万人につき一五・六人に上昇した。

戦争の開始以来、アメリカ兵八百三十六人をふくむ合計九百五十二人の多国籍軍兵士が死亡している。さらに五千百三十四人ほどが負傷している。軍病院は四肢切断の数がいちじるしく増加していることを報告している——重要な臓器を守るが手足は無防備な〝改良型〟防弾チョッキのせいである。

アメリカの侵攻とその後の占領の結果、いまや九千四百三十六人から一万千三百十七人のイラクの民間人が死亡し、さらに四万人が負傷している。この数字は、実際に人数を記録している者が誰もいないために、より不正確なものである。

イラク人の八〇パーセントはアメリカの文民当局も多国籍軍も〝まったく信用していない〟が、アブグレイブで軍情報部隊が使っている尋問手段をあきらかにした写真がその理由の一部であることはまちがいない。

わたしは奇妙きわまりない電話をもらった。それは本書ですでにわたしが取り上げたある人物からの電話である。アメリカ軍の内部で働きつづけている人物からの。わたしは彼から聞いたことをほとんど書かなかった。まったくとほうもない話で、実証することが不可能だからである。しかし同時に、事実らしくも聞こえる。彼は名前を出さないという条件で、わたしに秘密を打ち明けるといった。

彼が話したことをくりかえす前に、なぜわたしがそれを事実らしく聞こえると思うのかを説明しなければならない。

まず、これまでとほうもないという理由で彼らがなにかを思いとどまったことはない。9・11の同時多発テロのあと、MKウルトラがなんらかのかたちで復活したことはあるかと、わたしはアリグザンダー大佐にたずねたことがある。

「LSDにかぎりません」とわたしはつけくわえた。「MKウルトラの非殺傷武器版です。グアンタナモ基地のステレオラジオカセットの話を見てみましょう。まちがいなくもっともありそうな説明は、軍がある種の向精神作用性の騒音を聞かせていたというものです。フリートウッド・マックのなかにまぎれこませて」

「きみのいっていることは馬鹿げているよ」と彼は答えた。

彼のいうとおりだった。わたしのいうことは馬鹿げていた。わたしがマイクル・エイチャニスの友人たちにマイクルが「遠くから家畜に影響をおよぼす」ことに関与していたかどうか知っているかとたずねたときと同じぐらい。しかし、この話でわたしの手に配られたカードはこれなのだった。

（とんでもないことを考える人間はかならずしも外部で見つかるとはかぎらないことを忘れないでもらいたい。とんでもないことを考える人間はときとして内部の奥深くにもぐりこんでいるものだ。もっとも想像力豊かな陰謀論者ですら、特殊部隊の精鋭チームと少将がひそかに壁を通り抜けたり、山羊をにらみ殺そうとしていたなどというシナリオをひねりだすことなど思いもつかなかったのである）

「いいかね」とアリグザンダー大佐は不機嫌な声でいった。「MKウルトラ事件の悪夢を経験した人間は誰一人として、二度とふたたびその種のことにかかわりはしないだろう」(彼は情報部側の悪夢のことをいっていた。オルソン家の悪夢ではなく、尻尾をつかまれた悪夢のことを)「あの議会の聴聞会やマスコミの反応を経験した人間は誰一人として……」彼は言葉を切って、それからこういった。「たしかに、情報部内にはMKウルトラの文書に残らず目を通し、『驚いた。こいつはすごい。ぼくたちもこれをやってみようじゃないか』と考える若造どもがいる。だが、指揮レベルでそれが復活することはありえない」

もちろん、「こいつはすごい」と考える軍情報部隊の熱心な若者たちの集団が、まさにこうしたことを生みだす温床となり、かつてそれを実行したのである。

問題の秘密情報が事実らしく聞こえるとわたしが思ったもう一つの理由は、なぜエド・デイムズ少佐がある日アート・ベルのラジオ番組で超能力スパイ部隊の存在を暴露すると決意したのかという謎を核としている。わたしがマウイでデイムズ少佐にその動機はなにかとたずねたとき、彼は肩をすくめ、かなたを見るような表情が顔をよぎった。「動機などないよ。動機はまったくない」

しかし、彼のいいかたを聞いていると、実際には狡猾きわまる秘密の動機があると思わざるをえなかった。その当時わたしは、デイムズ少佐のあからさまに謎めかした薄笑いを、やや無節操に謎を食いものにするきらいがあるという、むべなるかなの評判のせいにした。

多くの人間が部隊の存在を暴露したことでエド・デイムズを非難し、一部の人間はそこに陰謀の臭いをかぎとった。デイムズの元超能力者仲間であるリン・ブキャナンは、デイムズがもう一つの超能力部隊があると信じるにいたったとわたしに語ったことがある。その部隊はもっと厚い秘密のベールに包まれ、自分たちよりもたぶんいい仕事場を与えられている。そして、自分たちの部隊の存在が公表された理由は、この謎めいたもう一つの超能力チームから関心をそらすためなのだと。リン・ブキャナンがいわんとしているのは、デイムズが上層部のあるグループから秘密を公表するように指示されていたということである。

当時、わたしはこの仮説をあまり信じていなかった。陰謀といわれるものの核心にいる人たちが、しばしば本人も陰謀論者であることが多いとわかっていたからである（わたしはワシントンの本部に所属するフリーメースンの高級幹部と一度話をしたときのことをおぼえている。彼はこういった。「もちろんフリーメースンがひそかに世界を支配していると考えるのはまったく馬鹿げていますが、実際に世界をひそかに支配しているのが誰かはわかっています。それは日米欧三極委員会《トライラテラル・コミッション》です」）。わたしはリン・ブキャナンの主張を、この陰謀の世界が持つ特異な一面のせいにした。

しかし、いまはそれほど確信が持てない。

リン・ブキャナンが自説をわたしに披露したあと、わたしはスキップ・アトウォーターにEメールを送った。きわめて穏健なフォート・ミード基地の元超能力者スカウトマンである。スキップは一九七七年から一九八七年にかけて管理分野で部隊に深くかかわっていた。リン・ブキャナンがいったことに多少でも真実がふくまれているのかと、わたしは彼にたずねた。

彼はEメールでこう返事をくれた。

遠隔視や超能力者といったものを利用していたかとたずねられたら、ＣＩＡがいまこういうふうに答えるのは事実だ。「計画はありましたが、その後中止されています」と。そして、その主張は正しいが、事実をすべて語っているわけではない。機密保持上の理由から、（フォート・ミード基地とは）べつの計画についてこれ以上情報を詳細に語ることはできない。しかし、わたしがそうした情報に関与していた時代以降、そうした努力は少し方向性を変えて、いまは対テロ活動におおいに集中されていると思う。機密管理上の理由から、通例は……いや、ここで話をやめておいたほうがいいだろう。

スキップのＥメールはここで終わっていた。

フォート・ミード基地の昔の部隊にいた元超能力スパイ全員が、９・11の同時多発テロ以後、数週間のあいだに情報機関から電話をもらったことをわたしは知っている。もし将来のテロ攻撃を透視したら、ためらわず当局に伝えてもらいたい、と彼らはいわれた。

そして、彼らは続々とそうした。エド・デイムズは、アル・カーイダがサンディエゴ港で爆弾を満載したボートを原子力潜水艦につっこませるという恐るべき光景を透視した。

「ビン・ラーディンの一味が賢いことはわかっていた」エドは自分の透視についてわたしにそういった。「だが、これほど賢いとは気づいていなかったよ」

エドは透視の結果をカリフォルニア沿岸警備隊の事務所に報告した。

ユリ・ゲラーは謎の人物ロンから電話をもらったが、ユリとロンについてわたしが知っているのはそれだけである。

第二世代の遠隔視能力者（フォート・ミード基地の部隊のメンバーからやりかたを学び、その後自前の訓練学校を設立した超能力スパイ）の幾人かも、同時多発テロ以降、情報関係者の接触を受けた。その一人で、アンジェラ・トンプスンという女性は、デンヴァーとシアトルとフロリダの上空にきのこ雲が立ち上っている光景を透視した。わたしは二〇〇二年春に、テキサス州オースティンの〈ダブルツリー・ホテル〉で軍の元超能力スパイの同窓会に出席した。アンジェラはその席できのこ雲の透視を披露したのである。会議室は引退した超能力スパイや情報機関の職員でいっぱいだった。アンジェラが、「デンヴァーとシアトルとフロリダの上空にきのこ雲が」といったとき、部屋にいた全員が息を飲んだ。

その部屋にはプルーデンス・カーラーブレイセイがいた。全員が〈天国の門〉の集団自殺事件について免罪されていたようだった。というのも、FBIが二〇〇一年九月にプルーデンスに電話をかけてきて、将来のテロ攻撃を透視したらすぐに知らせてもらいたいとたのんだからである。

プルーデンスは、たしかに透視をした、とわたしにいった。じつに恐ろしい透視を。彼女は自分の透視の詳細を〈フェデラルエクスプレス〉でFBIに送った。FBIは彼女に感謝して、それ以来ずっと、超能力による情報をさらに求めているという。

「どんな透視だったんですか？」とわたしは彼女にたずねた。

短い沈黙があった。

「こういっておきましょう」と彼女はいった。「ロンドンはひじょうに心配な地域です。そこはまちがいなくわたしたちがずっと注視している地域だし、もしあなたがロンドンに住んでいたら、心配すべき理由があります」

「わたしはロンドンに住んでいますよ」とわたしはいった。

プルーデンスは話題を変えようとしたが、わたしは彼女を放さなかった。

「いつです？」とわたしはたずねた。

「午前二時半よ！」と彼女はぶっきらぼうにいった。それから笑い声をあげ、真剣な口調になった。「じつをいうと、わたしたちはこの件についてこれ以上勝手に情報を漏らすことができないの」

「ほかになにかわたしに話せることはあるんですか？」とわたしはたずねた。

「なにかが起きつつあると確信するだけのことはわかっているわ」と彼女はいった。「それに、そのなにかが起きる大まかな地域がわかるだけの情報は得ている」

「特徴のある建物のようなものですか？」とわたしはたずねた。

「ええ」とプルーデンスはいった。

「国会議事堂のような歴史的建築物ですか？」

「話すつもりはないわ」と彼女はいった。

「まさかバッキンガム宮殿ではないですよね」わたしはびっくりしていった。

このとき、わたしの尋問がついにプルーデンスの口を割らせた。

「ロンドン動物園よ」と彼女はいった。

ロンドン動物園は汚い爆弾《ダーティ・ボム》で攻撃されようとしている、と彼女はいった。近くの〈BTタワー〉を倒壊させるほど強力な爆弾で。

「どうしてそれがわかったんです?」わたしはあからさまに動揺してたずねた。

「象よ」と彼女はいった。

透視のなかで象たちが苦痛の叫びをあげていたのだ、とプルーデンスは説明した。ロンドン動物園の象の苦痛が、彼女が受け取ったもっとも強烈なイメージだった。彼女はサンディエゴのカールズバドを拠点とする十四人の超能力者のチームを集めていた。その全員が象の苦痛を感じたという。

イギリスに戻ったわたしは、ロンドン動物園の象がプルーデンスの透視より数カ月前に、ロンドンの約三十マイル北にあるベドフォードシャー州の田舎の〈ホイップスネイド野生動物公園〉に全頭移動していたことを知ってほっとした。ロンドン動物園に象が一頭も残っていないなら、象たちが汚い爆弾の巻き添えを食うことがどうしてあるだろう?

わたしは、ジョン・アッシュクロフトと国土安全保障局が超能力者の提供した情報に基づいて将来のテロ攻撃の不特定の警告をだしたことはあるのだろうかと考えている。わたしはそれをつきとめるために数週間ついやしたが、どこへ電話をかけても成果があがらなかったので、ついにあきらめ、超能力者たちはわたしの心から消えていった。

わたしは超能力者たちのことをあまり考えずにすごしていたが、やがて突然一本の電話をもらった。電話の向こうの男は、もしわたしが彼の身分をあかさないと約束すれば秘密を暴露するといった。

「いいでしょう」とわたしはいった。

「遠隔視のことは知っているかね？」と彼はいった。

「超能力スパイですか？」

「ああ。そいつにまたずいぶん関心が集まっている」

「それなら知っています」

わたしはエドとアンジェラとプルーデンスとユリ・ゲラーと謎めいたロンのことを彼に話した。

「ロンがどういう人間なのか、ご存じありませんよね？」わたしは彼にたずねた。

「わたしはそういった遠隔視能力者たちのことを話しているんじゃない」と彼はいった。「連中は新しい人間を引き入れて、遠隔視をまったくちがったふうに利用しているんだ」

「ほほう？」

「連中は遠隔視をオフィスの外へ持ちだしている」

「なんですって？」

「連中は遠隔視を、オフィスの、外へ、持ちだしているといったんだ」

「ありがとう、わかりました」

彼がなにをいおうとしているのかわからなかったが、あまり重要な秘密とは思えなかった。

「わかっているのかね？」彼は腹をたてていった。「遠隔視はもはやオフィスを拠点にしてはいないんだ」

「ほお」とわたしはいった。

彼は自分が秘密を暴露する相手にふさわしくないジャーナリストを選んでしまったのではな

いかと疑いはじめていたのだろう。

「あなたがあいまいにいおうとしていることを理解するだけの知恵がなくてすみません」とわたしはいった。

「きみは遠隔視の歴史についてなにを知っている？」彼はゆっくりといった。

「オフィスを拠点にしていたことは知っています」

「そのとおり」と彼はいった。

「それがもはやそうではないと？」わたしは疑いで目を細くしながらいった。

「いいかげんにしてくれ」と彼はいった。「もしそれがもはやオフィスを拠点にしていないとしたら……」

彼は口ごもった。彼には二つの選択肢があった。このまま秘密をあいまいに打ち明けつづけることもできたし——ただしその方法はおたがいにとってあきらかに少々わずらわしくなりつつあった——謎めかすのをあっさりとやめて率直に話すこともできた。そして、彼はそうした。

「超能力暗殺者だ」と彼はいった。「すごいだろう、え？　連中は特殊部隊の暗殺者に教えているんだ。現場に出てテロリストを狩りだし、暗殺するフォート・ブラッグ基地の連中に、超能力者になる方法を教えているのさ。彼らは以前は確実な情報にたよっていたが、状況は変わりつつある。情報は欠陥がある場合があまりに多い。そこで、彼らはかわりに精神の力を見なおしつつあるんだ」

「どういう仕組みになっているんです？」とわたしはたずねた。

「われわれは特殊部隊員をジャングルや砂漠や国境地帯に空から送りこむ。標的が数マイル先にいることはわかっているが、正確な位置はつかんでいない。そこでどうするか？　スパイ機が飛んでくるのを待つか？　尋問係が捕虜の口を割るのを待つか？　もちろん、たしかにそういったこともするが、いまはそれを精神の力でおぎなうことができるんだ」

「つまり暗殺者は、確実な情報を待つあいだに超能力で標的の居場所を認識し、すぐさま追跡を開始するというわけですか？」

「そのとおり」と彼はいった。「精神はフォート・ブラッグ基地で大いに勢いを取り戻しているよ」

二〇〇四年七月十五日

わたしはガイ・サーヴェリから話を聞いていた。彼の声は興奮していて、わたしは懸案の対アル・カーイダ超常囮作戦でついになにか動きがあったのだと思った。わたしがこの前話したとき、ガイは悪の枢軸諸国を拠点とする若い武術愛好家たちから電話ぜめにあっていた。彼らは、にらむだけで山羊を殺す方法を知りたがっていたのである。それ以来、ガイは情報機関のスパイとして働きながらテロリストに山羊のにらみかたを教えはじめる許可をずっと待っていたのだが、その許可はいまだに出ていなかった。

わたしは彼がこの件について最新のニュースを伝えるために電話をかけてきたのだと思ったが、それとはべつの信じられないことが起きていたのである。彼はフォート・ブラッグ基地から一本の電話を受けていた。「精神的な側面に理解がある」新任司令官に「いますぐ」自分の能力を見せるためにこちらへきてもらえるだろうか？

「今週末にいってくるつもりだ」と彼はいった。

「動物をつれていくつもりですか？」とわたしはたずねた。

「ああ。向こうは動物をつれてきてもらいたがっているからな」

「山羊を？」

「こっちの財源は限られていてね」とガイはいった。

「ハムスターですか？」

「わたしにいえるのは、ある種の動物が関係するということだけだ」とガイはいった。

「われわれが話しているのは、安く買える小動物のことですね？」

「そのとおりだ」とガイは認めた。

「ハムスター」とわたしはいった。

沈黙。

「そうだ」とガイはいった。「わたしはハムスターをつれていって、連中の度胆を抜くつもりだ」

ガイの妻が電話の向こうで彼になにかいうのが聞こえた。

「いまべつの電話に連中から連絡が入っている」とガイは切羽詰まった口調でいった。「またかけなおすよ」

「ガイ！」とわたしは電話を切ろうとする彼に向かって大声でいった。「わたしもいっていいかどうか聞いてみてください！」

二〇〇四年七月十九日

ガイからは四日間、連絡がなかった。わたしはなにか動きがあったかどうかをたずねるEメールを彼に送り、やっと彼は電話をくれた。

「すべてがまとまりつつあるようだ」と彼はいった。

「もうハムスターをつれてフォート・ブラッグ基地へいってきたんですか?」

「それ以上だよ」とガイは答えた。「連中はわたしのやっていることを機密扱いにしようとしている。わたしを軍のもっと奥の地位につけようとしているんだ」

「どういう意味です?」

「連中はわたしにいくつかの場所にいっしょにいってくれというのさ。中東のいくつかの場所に」

わたしはガイにもう少し教えてくれとたのみ、彼はそのとおりにした。

ジム・チャノンが『第一地球大隊作戦マニュアル』を完成させたあと、上官たちは彼に、超常パワーで世界を飛びまわる現実の〈戦士僧〉部隊を創立してくれないかと請うた。すでにわたしが説明したように、ジムはこの申し出をことわった。壁を通り抜けるとかそういったことは、理論上はいい考えだが、現実世界ではかならずしも実現できる技能ではないと理解するだけの分別があったからである。

しかし、ガイによれば、いま軍はまさにそれを彼にやってもらいたがっているのだという。彼に〈戦士僧〉部隊を率いてイラクへいってもらいたがっているのだ。

「部隊はどういう種類のパワーをそなえることになるんです?」わたしはたずねた。

「ほんのわずかですむといいんだが」とガイはいった。「われわれは武器なしで乗りこまねばならないからね」

「その理由は？」

「それが平和で礼儀正しいやりかただからだ」とガイはいった。「連中は善良で、親切な人間たちなんだ。連中は自分たちがイラクでひどいまちがいをしでかしていることを知っている。忘れないでくれ。アブグレイブ刑務所の写真の兵士たちはフォート・ブラッグ基地で訓練を受けたんだ。やつらはとんでもないへまをしでかした。連中はこのごたごたをこれ以上つづけられないことを知っている。だから、いまわたしにきてくれとたのんでいるのさ」

「そして、人をにらみ殺す方法を連中に教える？」とわたしはたずねた。

「いいや」とガイ。「いまはそうじゃないんだ。これは画期的な発想で、あの収監者たちの扱いかたを変えることになるだろう。見つめるだけでなにができるか考えてみたまえ。見つめるだけで相手を混乱させ、相手は自分がいったいなにを見ているのかわからなくなる。そして、あらゆる秘密をぶちまけるんだ」

　ガイはわたしに逐一進展を教えていることを特殊部隊にまだ話していないといった。

「連中は怒りませんか？」わたしは彼にたずねた。

「いいや」とガイはいった。「これは礼儀正しく、親切な手段だからね。連中はこのことを人々に知ってもらいたいだろう」

「今度、ハムスターといっしょにフォート・ブラッグ基地へいくときは、わたしもいっていいですか？」

「聞いてみるよ」とガイはいった。「折りを見てね」

二〇〇四年七月二十三日

ガイが電話をくれた。彼はハムスターといっしょにフォート・ブラッグ基地にいってきていた。

「よく聞いてくれよ、ジョン」と彼はいった。「特殊部隊の連中はかなり敵対的な気分で会合に乗りこんできて、まるで子供みたいにおとなしく帰っていった。連中は挫折感をおぼえているんだ。恐れている。自分たちがイラクで無分別にへまをしでかしていることを知っている。そして、自分たちの唯一の選択肢がわたしであることがわかっている。思考の投射は実際、あの連中に理解されつつある。連中は一〇〇パーセント確実に、昔のやりかたに戻りたがっているんだ」

「では、イラクに戻るんですか?」わたしはたずねた。

「そうなりそうだ」とガイはいった。

「いつです?」

「出発までの時間はかぎられている」とガイはいった。

「わたしにすべてを話していることはもう彼らにいいましたか?」

「いいや」とガイはいった。「だが、連中は気にしないだろう。きっと次回はいっしょにこられるよ。連中にとっても絶好のPRになるからな。それに、連中にはきみを仲間にくわえたいと思う理由があるとわたしにはわかっている。もしわれわれがこの力を持っていることを敵が知ったら、敵は腰を抜かすだろうからな」

ガイは言葉を切った。

「明日、きみのことを連中に洗いざらい話すよ」と彼はいった。

二〇〇四年七月二十八日

わたしはきょう何度もガイ・サーヴェリに電話をかけている。この一週間ずっとそうしているように。彼はわたしに電話をよこさない。

二〇〇四年七月二十九日

わたしはガイの留守番電話にまたメッセージを残す。彼らにわたしのことを話したかどうかちょっと教えてもらえないだろうか？　もし話したのなら、その反応はどうだったか？

ガイから連絡はない。

たぶん彼の話はこころよく受け入れられなかったのだろう。


（了）

謝辞と参考文献

本書のためにインタビューに応じてくれたみなさん、とくにジム・チャノンとスタッブルバイン将軍、ガイ・サーヴェリ、エリック・オルソンにお礼を申し上げたい。この二年というもの、わたしは事実や日付やマニュアルの複写、思い出話、人名や地名の確認といったことで、ジムをひんぱんにわずらわしたので、あるとき彼はわたしにEメールをくれて、くたびれはてたようにこういったほどである。「なぜわたしは自分が主役の出し物で原稿運び係のような思いをしているのかな?」しかし、彼はつねにわたしが求める情報を提供してくれた。ジムは『第一地球大隊作戦マニュアル』の図版を転載することを許可してくれた。そのことでもお礼を申し上げる。

第一地球大隊についてはこれまでたいしたことは書かれていないが、ロン・マクレー著の *Mind Wars* (St Martins' Press, 1984　邦訳『マインド・ウォー　心霊兵器と世界最終戦争』近藤純夫訳　現代史出版会　一九八四年) にはジムに関して役立つ記述が数ページある。わたしはそのいくつかの段落を拝借した。

トニー・フルーイン(《ロブスター》誌とキューブリック屋敷の)には、彼が持っていたジム・シュナーベル著の *Remote Viewers: The Secret History of America's Psychic Spies*

(Dell, 1997　邦訳『サイキック・スパイ　米軍遠隔透視部隊極秘計画』高橋則明訳　扶桑社　一九九八年）をゆずってくれたことを感謝する。この本は第五章と第六章のためのじつに貴重な基礎情報をわたしに与えてくれた。フランシス・ウィーン著の *How Mumbo-Jumbo Conquered the World* (Fourth Estate, 2004) と、フォート・ミード基地の超能力スパイ部隊の主要メンバーだったスキップ・アトウォーターとジョー・マクモニーグルとの会話も同様に役立っている。

リチャード・M・コスターとギリェルモ・サンチェス共著の *In The Time Of Tyrants: Panama: 1968-1990* (W. W. Norton & Company, 1991) に目を通すよう教えてくれたジョン・ル・カレに感謝する。パナマと軍情報部隊について知っておく必要のあることはこの本にすべて書いてある。

プルーデンス・カーラーブレイセイのおかしくも感動的な回想記、*Intentions: The Intergalactic Bathroom Enlightenment Guide* (Imprint, 2002) は、彼女のジェットコースターのような成人後の人生をあらためて物語るうえで助けになった。まあ、回想記の部分は迷うことなく一読をおすすめするものの、バスルームの異星人の部分は暇があればどうぞといった感じではあるが。

キャスリン・フィッツジェラルド・シュラメクには、亡き夫が撮ったヘール・ボップ彗星と「それについて飛ぶ」物体の写真を転載することをお許しいただき、心よりお礼を申し上げる。

すばらしい二本のドキュメンタリー、*Waco: Rule of Engagement* と *Waco: A New Revelation* をもう一度見られたことは喜びだった。テープを送ってくれたプロデューサーのマイク・マクナルティーにお礼を申し上げる。十二章でわたしが引用したFBIの交渉の録音テープからの抜粋は、これらのすばらしいドキュメンタリーから採ったものである。

フランクとエリックのオルソン親子の話は、おもにエリックとかわした多くの会話から構成したものだが、いくつかの段落は、彼の友人のマイクル・イグナチェフが《ニューヨーク・タイムズ》に載せた記事〈CIAはエリック・オルソンの父になにをしたのか？〉（二〇〇一年四月一日付け）や、マイクル・エドワーズの〈スフィンクスとスパイ　ジョン・マルホランドの秘密の世界〉（《ジーニアイ》誌二〇〇一年四月号）、そして労を惜しまず調査したエリック自身のウェブサイト www.frankolsonproject.org. から引用した。イグナチェフの記事はとりわけ役に立った。

アーティチョーク計画の情報は、マーティン・A・リーとブルース・シュレイン共著の *Acid Dreams: The Complete Social History of LSD, the CIA, the Sixties and Beyond* (Pan, 1985　邦訳『アシッド・ドリームズ　CIA、LSD、ヒッピー革命』越智通雄訳　第三書館　一九九二年）に依った。

いつものように、〈ワールド・オブ・ワンダー〉のフェントン・ベイリーとリベカ・カトゥン、リンディー・テイラー、タニア・コーエン、モイラ・ノーベル、そしてチャンネル4のピーター・デイルにも感謝する。ピーターと現在引退した番組ディレクターのティム・ガーダム、そしてその後任のケヴィン・ライゴ以上に心やさしい支援者を局内に求めることはできなかっただろう。

ロンドンの〈ピカドール〉社の担当編集者アーシュラ・ドイルと、ニューヨークの〈サイモン&シュースター〉社の担当編集者ジェフ・コルスケはいつもどおりすばらしい仕事をしてくれた。〈ピカドール〉社のアダム・ハンフリーズ、アンドルー・キッド、カミラ・エルワージー、ステファニー・スウィーニー、セアラ・カースルトン、リチャード・エヴァンズ、それに〈A・P・ワット〉社のデレク・ジョンズもまた同様である。

なによりもわたしはアンディー・ウィルズモア、デイヴィッド・バーカー、そしてとりわけジョン・サージェントにお礼を申し上げたい。本書は彼に捧げられている。ジョンの調査とみちびきは、本書のあらゆるページに見いだすことができる。

訳者あとがき

本書は原題を*The Men Who Stare at Goats*という。直訳すれば「山羊を見つめる男たち」。妙な題名である。

しかし、男たちがなぜ山羊を見つめるのかを知れば、妙などころではすまされなくなる。なにしろ、かつてアメリカ軍の秘密実験施設のなかで、ある男が見つめるだけで、手も武器も使わずに、山羊を心霊パワーで殺したというのだから……。

本書は気鋭のイギリス人調査ジャーナリスト、ジョン・ロンスンが、アメリカ政府における超能力（心霊）利用の最先端に迫ったルポルタージュである。

9・11の同時多発テロ発生直後の二〇〇一年、あのユリ・ゲラーにインタビューしていた著者ロンスンは、昔アメリカの情報機関のために働いていたという称するゲラーが、ある人物によってふたたび現役任務に戻されたと聞かされる。その謎の人物を探す取材の過程で浮上してきたのが、前述の「山羊をにらみ殺した男」の話なのである。

著者はこの奇怪な事件にかかわった関係者たちに取材を重ね、山羊をにらみ殺した男の正体に迫っていく。それは同時に、冷戦時代にはじまって、「テロとの戦い」でふたたび活発になりつつあるアメリカの超能力利用の歩みをたどる旅でもある。

アメリカが一九七〇〜八〇年代に、遠くにあるものを眼前にあるかのように見る能力、「遠隔視（リモート・ビューイング）」に関心をいだいて、そのために極秘の超能力スパイ部隊を創設し、これを〈スターゲイト〉計画と呼んでいたことは周知の事実である。日本でも、科学ライターが書いたノンフィクション『サイキック・スパイ』（ジム・シュナーベル著　高橋則明訳　扶桑社）や当事者が語った回顧録『CIA「超心理」諜報計画　スターゲイト』（デイヴィッド・モアハウス著　大森望訳　翔泳社）が訳出されている。

超常現象のインチキを暴いた『新・トンデモ超常現象56の真相』（皆神龍太郎・志水一夫・加門正一著　太田出版）によれば、この遠隔視能力を科学的に実証したとする論文はかなり杜撰なもので、その結果はほかの科学者によって否定されているという。前掲書二冊のうち、前者はこの能力についてかなり肯定的な一方、後者はやや否定的な立場を取っている。しかし、いずれにせよ、アメリカがそうした計画を実行していたことはまぎれもない事実だ。本書はその関係者たちに直接取材して、部隊の内情について貴重な証言を引きだしているほか、遠隔視がまねいた悲劇的な〈天国の門〉事件についても一章を割いて紹介している。ここでは、日本でも最近、超能力捜査官と銘打ってテレビに登場している面々も顔を見せる。

本書では、こうしたアメリカの超能力利用計画の背後に、ベトナム戦争後の軍の自信喪失とニューエイジ思想の台頭があったことがあきらかにされている。その中核となったのが、ジム・チャノンと彼の『第一地球大隊マニュアル』だった。彼の思想は当時のアメリカ軍部に大きな影響を与え、傍《はた》から見るとやや滑稽とも思えるさまざまな取り組みを生みだしていく。友好的な音楽を流しながら小羊をかかえて敵に近づく戦士僧、敵を動けなくするねばねばの泡。

著者の軽妙な筆致もあって、こうした牧歌的なエピソードの数々には思わず笑いを誘われる。しかし、著者が取材をすすめるうちに、そうした思想が先鋭化して、「テロとの戦い」にもっとおぞましい形で取り入れられていることがわかってくると、話はだんだんと深刻さを増していく。

話がイラクのアブグレイブ刑務所や対シリア国境の廃駅のコンテナでおこなわれていたイラク人にたいする拷問におよぶと、もはや笑ってはいられない。CIAが国内で禁じられている拷問をおこなうために世界各地に拷問施設を作っていたことは、すでに日本でも報じられている。また本書では、拘束されたイラク人やテロ容疑者にハードロックや子供向けアニメのテーマ曲（紫の恐竜バーニー）、さらにはなぜかクリス・クリストファースンのベストヒット集を聞かせるという奇怪な拷問の事例が紹介されているが、本書刊行後の二〇〇六年九月には《ニューヨーク・タイムズ》紙が、CIAがタイでアル・カーイダの重要人物のアブ・ズベイダ容疑者に〈レッド・ホット・チリ・ペッパーズ〉の曲を聞かせて拷問していたと報じている。「テロとの戦い」のためなら「なんでもあり」のブッシュ政権の風潮のなかで、著者は最後に一九五〇年代のCIAによる極秘マインドコントロール計画〈MKウルトラ〉を取り上げる。ブライアン・フリーマントルの『CIA』（新庄哲夫訳　新潮社）などでもすでに紹介されているアメリカ政府史上の汚点だが、著者ロンスンは被害者の家族に綿密に取材して事件の恐るべき実態と、政府の暴走にたいするアメリカ国民の鈍感さをあきらかにしていく。

著者ロンスンは、こうした一歩あやまると荒唐無稽な話になりそうなテーマを、イギリス人の視点から、つかず離れずの絶妙な筆致で描いている。その書きっぷりには、どこまでが本気なのかわからないオフビートなところがあり、取材される対象の話のほうも、どこまでが真実で、どこまでが妄想なのか判断のつきかねるようなところがある。いきおい読者は、信じられないような話にときおり眉に唾をつけながらも、最後まで著者の語り口に引きこまれずにはいられない。ここに書かれていることの虚実を判断する役目は、読者にゆだねられているのである。

イギリスの高級紙《オブザーバー》は、本書を「もっとまじめな調査ジャーナリストであれば、自分の身に起きたことを、これほどすばらしくつむじ曲がりに受けとめることはまずなかっただろうし、それをこれほどはっきりと表現する機知もほとんどなかっただろう。……本書は、ブッシュの戦時体制の邪悪な分野をめぐる悪夢のような旅であるだけでなく、最近われわれの名においておこなわれている愚行にかんする必見の報告である」とユーモアまじりに評した。また《ニューヨーク・タイムズ》紙は「ドキュメンタリー・フィルム製作者兼ジャーナリストのロンスン氏は（中略）パン屑の跡をたどってついにきわめて重要な事実にたどりつく。……彼にはなぜか本書をつねに軽快であると同時に悪夢のような読み物にしておく筆力がある」と持ち上げ、イギリスの高級紙《デイリー・テレグラフ》は「ヒッピーの夢がどうやって軍隊に取り入れられたかを描く、おかしくて悲劇的な物語」、やはり高級紙の《ザ・タイムズ》は「ぞっとすると同時に笑いを誘われる」と評している。

たんに超能力や超常現象についてのおもしろい読み物というだけでなく、「テロとの戦い」の裏でなにがおこなわれているかを知るためにも、ぜひ多くの人に読んでいただきたい一冊である。

最後になったが、著者の略歴を簡単にご紹介しておこう。ジョン・ロンスンはカーディフで少年時代をすごし、その後、ロンドンでジャーナリスト、ドキュメンタリー・フィルム製作者となった。《タイムアウト》誌のコラムニストとして賞を受けたほか、《ガーディアン》の週末誌に寄稿し、BBCなどのラジオ番組を製作している。彼の前作*Them:Adventures with Extremists*（二〇〇一年）は、さまざまな過激思想の持ち主たちに取材したノンフィクションで、《ワシントン・ポスト》や《ニューヨーク・タイムズ》から絶賛され、ベストセラーになった。二〇〇四年発表の本書につづき、二〇〇六年には《タイムアウト》と《ガーディアン》週末誌のコラムをまとめた*Out of the Ordinary: True Tales of Everyday Craziness*を刊行している。

二〇〇七年四月

文春文庫

実録《じつろく》・アメリカ超能力《ちようのうりよく》部《ぶ》隊《たい》

定価はカバーに
表示してあります

2007年5月10日　第1刷

著　者　ジョン・ロンスン
訳　者　村《むら》上《かみ》和《かず》久《ひさ》
発行者　村上和宏
発行所　株式会社　文藝春秋

東京都千代田区紀尾井町3-23　〒102-8008
TEL　03・3265・1211
文藝春秋ホームページ　http://www.bunshun.co.jp
文春ウェブ文庫　http://www.bunshunplaza.com
落丁、乱丁本は、お手数ですが小社製作部宛お送り下さい。送料小社負担でお取替致します。

印刷・大日本印刷　製本・加藤製本

Printed in Japan
ISBN978-4-16-765163-3

文春文庫

海外ノンフィクション

（　）内は解説者。品切の節はご容赦下さい。

喪失の国、日本
インド・エリートビジネスマンの「日本体験記」
M・K・シャルマ（山田和訳）
インドの寂れた本屋で出会った「日本体験記」。インド人エリートビジネスマンが日本での赴任経験を語ったその書には、九〇年代に日本が喪ったものが、深い観察力で描かれていた。
シ-18-1

驚異の百科事典男
世界一頭のいい人間になる！
A・J・ジェイコブズ（黒原敏行訳）
子供のころは世界一頭がいいと思っていたが三十五歳の今、その自信を失くした著者が、百科事典全巻三万三千ページの読破に挑戦。再び博覧強記の男になろうとするが……。（鹿島茂）
シ-20-1

指紋は知っていた
チャンダック・セングープタ（平石律子訳）
指紋が万人不同であるとして個人識別法に採用されたのは英領インドが最初だった。その陰には手柄を競う男たちのドラマがあった。指紋鑑定法開発をめぐる「プロジェクトX」。（宮崎哲弥）
セ-1-1

希望―行動する人々
スタッズ・ターケル（井上一馬訳）
ピューリッツアー賞作家がアメリカの再生を願って完成させた、逆境を乗り越えた人々へのインタビュー集。世の中をより良くできると信じた二十四人の声。これがアメリカの底力だ！
タ-15-1

フロイト先生のウソ
ロルフ・デーゲン（赤根洋子訳）
精神病や神経症は心理療法で本当に治るのか？　人間心理のメカニズムはそんなに単純ではない。ジークムント・フロイト以降の心理学にまつわる迷信、通説、俗説を一刀両断する快著。
テ-14-1

戦慄のインフルエンザの正体を追う
四千万人を殺した
ピート・デイヴィス（高橋健次訳）
一九一八年、死者四千万人を記録したスペイン風邪。この恐怖のウイルスを追い、八十年後、永久凍土に埋葬された遺体の発掘が行なわれる。インフルエンザの謎に挑むドキュメンタリー。
テ-16-1

文春文庫

海外ノンフィクション

品切の節はご容赦下さい。

ダライ・ラマ自伝

ダライ・ラマ（山際素男訳）

ノーベル平和賞を受賞したチベットの指導者、第十四世ダライ・ラマが、観音菩薩の生れ変わりとしての生い立ちや、亡命生活などの波乱の半生を通して語る、たぐい稀な世界観と人間観。

ラ-6-1

ザ・ホテル

扉の向こうに隠された世界

ジェフリー・ロビンソン（春日倫子訳）

難題をもちかける王侯や有名人の要求を満たし、伝統と格式を守りつづけるロンドンの最高級ホテル「クラリッジ」のホテルマンたちの知られざる苦闘と活躍を活写するノンフィクション。

ロ-3-1

アンネの日記 増補新訂版

アンネ・フランク（深町眞理子訳）

オリジナル、発表用の二つの日記に父親が削っていた部分を再現した〝完全版〟に、一九九八年に新たに発見された親への思いを綴った五ページを追加。アンネをより身近に感じる〝決定版〟。

フ-1-4

アンネの童話

アンネ・フランク（中川李枝子訳）

『アンネの日記』からも読みとれる鋭い感性と豊かな想像力。思春期を隠れ家で過さねばならなかった多感な少女に唯一残された自由は書くことだった。そうして出来た童話と珠玉エッセイ。

フ-1-3

思い出のアンネ・フランク

ミープ・ヒース／アリスン・レスリー・ゴールド（深町眞理子訳）

アンネ一家の隠れ家生活を内と外で助け、アンネ連行後に「日記」を発見、後世に伝えた勇気ある女性が、「一日とて涙なしに思い出すことはできない」という日々をあえて綴る感動の書。

ヒ-3-1

アンネの伝記

メリッサ・ミュラー（畔上司訳）

新発見の日記五ページ分には何が書かれていたか、隠れ家を密告したのは誰か……徹底調査により「伝説の少女」の全貌に迫った世界的話題作。四十人近い関係者のその後の人生も収録。

ミ-2-1

（ ）内は解説者。品切の節はご容赦下さい。

デキのいい犬、わるい犬
あなたの犬の偏差値は？
スタンレー・コレン（木村博江訳）

心理学者兼犬の訓練士である著者が、具体的かつユーモアあふれる筆致で犬の知性を徹底検証。だれにでもできるIQテスト、犬の頭の良さがひと目で分かる画期的な偏差値ランキング付き。

コ-12-1

相性のいい犬、わるい犬
失敗しない犬選びのコツ
スタンレー・コレン（木村博江訳）

犬を役割別ではなくその性格によって七グループに分け、各々に合う飼い主の性格を解説した画期的な書。著名人と犬とのエピソードも満載。あなたをしあわせにする犬は、必ずみつかる。

コ-12-2

犬語の話し方
スタンレー・コレン（木村博江訳）

犬が言葉を聞き分ける能力は人間の二歳児程度。吠え声、しっぽの動き、顔の表情などで伝えられる「犬語」を理解し、犬の気持ちを知るための教科書。巻末に犬語小辞典つき。（米原万里）

コ-12-3

犬も平気でうそをつく？
スタンレー・コレン（木村博江訳）

食事をおいしく食べさせたり、問題行動をやめさせたりするには？　地震を予知したり、人をだましたりできるのか？　犬にまつわる「？」をコレン先生が解りやすく解説する。愛犬家必読。

コ-12-4

5000年前の男
解明された凍結ミイラの謎
コンラート・シュピンドラー（畔上司訳）

一九九一年、ヨーロッパ・アルプスで発見された凍結ミイラ。世界中を興奮させた「世紀の大事件」の真相に考古学の権威が迫る。現代科学を駆使して解明された驚くべき新事実とは？

シ-8-1

硫黄島の星条旗
ジェイムズ・ブラッドリー／ロン・パワーズ（島田三蔵訳）

摺鉢山に星条旗を掲げる兵士たち――その一人・著者の父はなぜ何も語らずに世を去ったのか？　戦争写真の傑作が捉えた六人の海兵隊員の運命と日米の死闘を描いた全米ベストセラー。

フ-19-1

海外ミステリ＆サスペンス・セレクション

（　）内は解説者。品切の節はご容赦下さい。

ブレイン・ドラッグ
アラン・グリン（田村義進訳）
脳の機能を高める錠剤。それが彼の人生を一変させた。怠惰な生活を一新、株で大儲け。だが巨大な成功の瀬戸際で、底知れぬ陥穽が。全労働者の悪夢というべきサスペンス。（池井戸潤）
ク-14-1

髑髏《どくろ》島の惨劇
マイケル・スレイド（夏来健次訳）
狂気の殺人鬼が仕掛けた死の罠――閉ざされた孤島で生き残る者は？　密室殺人、嵐の孤島、無数の機械トリック。本格ミステリの意匠と残虐ホラーを融合させた驚愕の大作。（千街晶之）
ス-8-1

暗黒大陸の悪霊
マイケル・スレイド（夏来健次訳）
クレイヴン巡査長の母が惨殺された。物証が示す犯人は巡査長自身。警官を次々殺害し、クレイヴンを陥れた《邪眼鬼《イーヴル・アイ》》の正体――それは最後の一行で明らかになる！（法月綸太郎）
ス-8-2

斬首人の復讐
マイケル・スレイド（夏来健次訳）
カナダに跳梁する二人の殺人鬼。カナダ警察特捜部は熾烈な捜査を開始する。波乱万丈の展開とドンデン返しの連続で読者を放さない〝カナダのディーヴァー〟の最新傑作。（川出正樹）
ス-8-3

カジノを罠にかけろ
ジェイムズ・スウェイン（三川基好訳）
手口も正体も不明のイカサマ師の尻尾をつかめ！　百戦錬磨のイカサマ・ハンター、トニーは勇躍ベガスに乗りこむ。カジノの内幕をつぶさに描き、楽しい脇役も多数の痛快シリーズ開幕。
ス-11-1

嘆きの橋
オレン・スタインハウアー（村上博基訳）
作曲家殺しの捜査は共産党上層部に妨害された。解決に己の誇りをかける若き東欧の刑事が暴いたのは国家を揺るがす巨大な秘密……。大型新人が放つMWA新人賞候補作。（関口苑生）
ス-12-1

文春文庫

海外ミステリ＆サスペンス・セレクション

（　）内は解説者。品切の節はご容赦下さい。

推定無罪（上下）
スコット・トゥロー（上田公子訳）
美人検事補の強姦・殺害事件を手がける同僚検事補が、一転容疑者として裁判にかけられることに……。ハリソン・フォード主演で映画化された、ミステリ史上に残る法廷サスペンスの傑作。
ト-1-1

有罪答弁（上下）
スコット・トゥロー（上田公子訳）
弁護士事務所の内部で起きた数百万ドル横領事件、しかも容疑者の行方は不明だ。男と金の行方の捜索をまかされた元警察官の弁護士マロイは、さらに巨大な悪の壁につきあたるが……。
ト-1-5

われらが父たちの掟（上下）
スコット・トゥロー（二宮磬訳）
女性判事ソニアの担当した殺人事件の裁判は、被告、弁護人をはじめ知人ばかりで、さながら同窓会だった。公判の進展とともに一九六〇年代の諸相が現代に重なる。異色の法廷ミステリ。
ト-1-7

囮《おとり》弁護士（上下）
スコット・トゥロー（二宮磬訳）
法曹界の大規模贈収賄事件を摘発すべくFBIの選んだ手段は、敏腕弁護士を使った大胆な囮捜査だった！　あの『推定無罪』を凌ぐ傑作と各紙誌から絶賛された法廷人間ドラマ。（松坂健）
ト-1-9

弁護
D・W・バッファ（二宮磬訳）
「正義は陪審が決めるもの」。そう割り切りどんな被告も無罪に導くことを生き甲斐とする辣腕弁護士が直面する、道徳上の〝正義〟という現実。リーガル・サスペンスの真髄。（中嶋博行）
ハ-17-1

訴追
D・W・バッファ（二宮磬訳）
潔白かもしれない男を有罪にし、根拠なく親友を人殺しと法廷で言いたて……。優秀な法律家の主人公が、前作に続き直面する「真実」の壁。何のためなら、嘘をついても許されるのか。
ハ-17-2

文春文庫

海外ミステリ＆サスペンス・セレクション

（　）内は解説者。品切の節はご容赦下さい。

J・A・コンラス（木村博江訳）
ウィスキー・サワーは殺しの香り

ジャック・ダニエルズ、46歳。女だてらに暴力犯罪捜査を指揮するシカゴ警察警部補。仕事にのめりこむあまり男には逃げられ不眠症に悩む。それでも連続猟奇殺人犯を追って東奔西走中。

コ-17-1

テス・ジェリッツェン（安原和見訳）
外科医

生きている女性の子宮を抉り出す……二年前の連続猟奇殺人事件と同じ手口の犯罪が発生。当時助かった美人外科医がなぜか今回の最終標的にされる。血も凍るノンストップ・サスペンス。

シ-17-1

アラフェア・バーク（七搦理美子訳）
女検事補サム・キンケイド

一見単純な少女レイプ事件は、すでに解決済みだった連続猟奇殺人事件と接点をもっていた……。パンドラの箱を開けてしまった女検事補の孤軍奮闘を描く法廷ミステリ。（中嶋博行）

ハ-23-1

アラフェア・バーク（七搦理美子訳）
消えた境界線
女検事補サム・キンケイド

待望の重大犯罪訴追課に異動し張り切る地方検事補サムを待ち受けていたのは、ポートランド市の名士の誘拐殺人事件。タフで真摯なヒロインが挑むリーガル・サスペンス。（池上冬樹）

ハ-23-2

ジョイ・フィールディング（吉田利子訳）
二度失われた娘

女優志願の娘がオーディションに出かけた後、姿を消した。最愛の娘の行方を求めて一人走りまわるシンディを、過去の悪夢がフラッシュバックのごとく襲う。息もつかせぬ傑作サスペンス。

フ-8-7

カレン・ローズ（長野きよみ訳）
誰かに見られてる

自分が起訴し有罪にするはずが無罪放免になった被告が次々に殺される。「代わりに審判を下した」という手紙を送りつけてくる犯人。二〇〇五年最優秀ロマンティック・サスペンス賞受賞。

ロ-6-1